한없이 보람이었던 한 농협인의 이야기

한없이 보람이었던 한 농협인의 이야기

초판발행 | 2017년 2월 1일

지은이 | 김운한

발행인 | 박찬우

편집인 | 우 현

펴낸곳 | 파랑새미디어

등록번호 | 제313-2006-000085호

서울특별시 마포구 서교동 357-1 서교프라자 318

전화 | 02-333-8311

팩스 | 02-333-8326

메일 | adam3838@naver.com

ⓒ김운한 Printed in Seoul, KOREA

가격 : 12,000원

ISBN : 979-11-5721-054-1 03320

*이 책의 전부 또는 일부 내용을 재사용하려면 사전에 저작권자의 동의를 받아야 합니다.

진정한 농협인으로 43년간 오직 지역, 농업, 농업인을 위하여
유통 가공사업을 통한 항재농장, 실사구시를 실천한
사람의 남기고 싶은 이야기

한없이 보람이었던 한 농협인의 이야기

김운한 지음

서 문

이제 일 년 반이 남았다.

길고 긴 나의 농협 생활이 끝을 향해 달려간다.

43년, 농협이라고는 아무것도 모르던 내가 그 긴 날들 그 안에서 보냈다. 감정을 얘기하기 어렵다. 시원하다고 해야 할까, 아쉽다고 해야 할까, 보람 있었다고 할 수 있을까.

얼마 전, 나의 농협 생활의 상당 부분을 근무했던 곳에 찾아갔다. 이제 나도 나의 역사를 정리해야 할 것 같아 나의 애환이 담긴 곳을 둘러보고 사진 좀 찍고 싶어서 왔노라고….

현직에 있는 후배가 한마디 한다.

"이사님, 책을 한 권 쓰시지요. 이사님은 책을 쓰고도 남습니다."

나의 날들을 돌아본다.

멋모르고 하던 일.

가슴에 뜨거움을 안고 동분서주하던 일.

초창기 어깨로 메고 몸으로 일하던 때.

밤을 새워 상·하차 하던 일.

농업과 지역을, 농업인을 위해서 농협은 무한 봉사를 해야 한다며 유통, 가공사업에 뛰어들었던 일. 그리고 사업하는 농협이 되어야 한다고 이곳저곳 강의 다니던 일….

나는 부끄럽지 않게 농협 생활을 마무리 할 수 있다고 스스로 다짐하며 지난 나의 일들을 풀어보려 합니다.

일에 중독된 사람의 이야기이기는 하지만 현실의 삶에 깊이 뿌리내린 후배들이 나이 들어 "나는 가치 있는 일을 했노라"고 소리칠 수 있도록 하는 데에 조금이라도 보탬이 되었으면 하는 마음으로 서툰 글을 써 봅니다.

   농협은 정말 좋은 곳입니다. 자랑스러운 곳입니다.
   온힘을 쏟아 자기를 나타낼 수 있는 곳이니까요.
   나를 위하기보다는 남을 위하는, 공익을 이루는 곳이니까요.
   생명을 다루는 곳이니까요.
   사람과 사람의 만남으로 일하는 곳이니까요.
   그리고 따뜻한 마음으로 일하는 곳이니까요.

   나는 직접 농사를 짓지는 않지만 나는 늘 농업인이라는 생각을 가지고 살았습니다.
   나의 아버지도 농군이었고, 나도 잠시나마 농사를 지어봤고, 검게 그을린 농업인의 애환을 가슴 아파하며, 농업과 농업인 그리고 농촌, 농협의 발전을 위하여, 작은 힘이지만 열심을 바쳐 일해 온 걸음을 돌아보며 작은 글을 남겨봅니다.
   부족하고 자격 안 되는 나를 여기까지 인도하신 하나님께 한없는 감사를 올려 드리며 또한 나의 인격과 지식의 부족함을 채워주고, 또 이 글을 쓸 수 있고 일을 할 수 있도록 함께해준 가족들과 협동의 현장에서 함께 어깨로 몸으로 마음으로 협동의 본을 보인 사랑하는 동인들께 감사를 드립니다.
   아울러 보잘것없는 소작을 읽어주시는 모든 분께 내가 믿는 하나님의 은혜가 임하길 바라오며 거듭 감사의 말씀 드립니다.

감사합니다.

김 운 한

추천의 글

　이 책은 한 농협 직원의 40여 년 직장생활을 정리한 회고록이자, 농업인과 함께 동고동락을 한 아름다운 추억 이야기입니다.

　농협을 퇴직했거나 현직에 근무하는 이 땅의 수많은 '농협인'들이 농업·농촌 발전을 위해 나름대로 노력하며 피와 땀이 어린 추억들을 간직한 채 살아가고 있지만, 안동농협 김운한 상임이사님의 이야기는 우리 시대 지역농협이 갖고 있는 과제와 이에 대한 대응방안을 구체적인 사례를 통해 전달하고 있다는 점에서 큰 의미가 있다고 할 수 있습니다.

　농업인의 소득 향상을 위해, 그리고 지역사회 구심체로써 농협이 어떤 역할을 해야 하는 지, 어떻게 조합원들을 동참시키고 사업을 활성화할 수 있는지 이 책을 통해 상세히 소개하고 있습니다.

　또한 지역별 특색작목과 영농상황을 고려하여 사업을 선정하고 여기에 열정적인 추진 노력을 더한다면, 시골의 작은 농협일지라도 경제사업에서 충분히 성공해 강소농협을 만들 수 있다는 희망의 메시지를 전해주고 있습니다.

❝

시골의 작은 농협일지라도 경제사업에서 충분히
성공해 강소농협을 만들 수 있다는 희망의
메시지를 전해주고 있습니다.

❞

 아무쪼록 이 책을 통해 일선 농업 현장의 생생한 이야기들이 널리 소개되고, 60%의 가능성만 있다면, 맨땅에 빈손일지라도 시작할 것이다' 라는 저자의 외침이 많은 농협 임직원들에게 전달되어 농협의 유통·가공 사업이 더욱 더 발전할 수 있기를 바랍니다.

2016. 11.
농협중앙회 회장 김 병 원

목 차

제1부 ··· 나의 나 된 것

- 몸 내놓고 일했더니 길이 열립디다 _14
- 나를 나 되게 한 한 권의 책 _16
- 나를 나 되게 한 짧고 서툰 글 _18
- 나를 나 되게 한 어떤 아이 이야기 _19
- 나는 태생적으로 농협인인가? _20
- 농협 안에서 내가 걸어온 길 _26
- 만 28세에 단위 사무실을 책임지는 상무가 되어 _27
- 타고난 진취, 보이는 것마다 예사로 안 보여 _30
- 무엇을 할 것인가? _32

제2부 ··· 사업의 시작

- 사업의 시작 _34
- 젊음의 패기로 _35
- 희망이 보이니 안 되는 것이 없더이다 _37
- 이세 본격적인 농협 사업가로 _39
- 한우 입식자금으로 한 마리 팔고 두 마리 사기 _40
- 이제는 산약 매취 사업으로 _43
- 일하는 자에게 늘 시련이 _46

- 홍고추 경매사업을 시작하다 _49
- 조합원 교육에 눈을 뜨다 _54
- 형편이 되면 나누어야 _56
- 양곡 한 창고가 썩었어요-이것도 유익을 남겼다 _58
- 사고를 통해서 얻은 교훈 _61
- 이제 새로운 임지로 _63
- 자리를 양보해주고… _64
- 인생만사 새옹지마 _66
- 일직, 나의 모든 것이 있는 특별한 곳 _67
- 기상천외한 일을 시작하다-고추 가공사업 _69
- 간절함이 있으면 길이 열려 _72
- 생소한 공동사업 _73
- 두 번 다시 못할 일 _76
- 진짜 사업이다 _78
- 1988년도의 고추파동 _79
- 참여 농협의 속셈_80
- 공동사업의 위기-필연적인 것 _81
- 사과가 썩었어요-아! CA 창고 _83
- 공적인 일은 무슨 일이든 검증을 거친 것을 해야 한다 _84
- 공동사업이 깨어지고 _86
- 이익 배분보다 더 중요한 것 _88
- 가공사업에 눈을 뜨다 _90
- 고추장 콘테스트 _92

- 몸이 두 개라도 _94
- 양파 사업 _96
- 밀짚모자 쓰고 들판으로 _98
- 사업을 통하여 얻는 눈에 안 보이는 이익 _100
- 한우 작목회를 구성하다 _102
- 대단한 열기 _106
- 한우 직판장을 내다 _108
- 한우고기 사려고 두 시간 줄을 서고 _109
- 아! 사람은 어쩔 수 없는 존재구나 _113
- 청산별미-백미사업 _114
- 세 번째 일직 농협에서 _116
- 깐 양파 사업 _117
- 제주도 양파를 밭떼기로 사다 _120
- 고추 종합처리장-세절고추 _123
- 할 수 있다는 자신감으로 _125
- 천지개벽-가스 폭발사고 _127
- 역시 우리는 타고난 농협인 _130
- 혼자 보낼 수 없다, 죽어도 같이 죽어야 _131
- 듣도 보도 못한 완전계약제를 하다 _133
- 첫 시작을 잘 해야 한다 _135
- 홍고추도 완전계약으로-그러나 돈 앞에서는 _137
- 정할 때 신중히 정하고, 정한 것은 확실하게 지켜야 _138
- 완전계약제에 대한 소견 _139

- 무말랭이 사업 _140
- 미생물 사업 _142
- 아지매 떡도 싸야 먹는다-시장 진입에 실패 _144
- 전무님 사례 강의 좀 해주시지요 _147
- 생각지도 않던 고정 강사가 되다 _149
- 서울대학생에게도 강의 좀 해주세요 _151
- 원예 브랜드 사업 _152
- 목마른 사람이 샘을 파야 _154
- 연합은 역시 어려워 _156
- 첫 구상대로 하지 않아 어려움을 겪는 조공법인 _158
- 산지 조직화 _160
- 산지 조직화의 Ａ Ｂ Ｃ _162
- 산지 조직화와 품질의 균일 _165
- 가공 사업의 성패는 수율 _166
- 이놈들아 내 고추 받아다오 _168
- 일하는 자에게는 늘 시련이 _169
- 지게차로 작업 중 일어난 인사사고 _171
- 멀쩡한 저온창고에 자연 발생 화재라니 _172
- 어찌 같은 농협끼리 이럴 수가 _174
- 아이고 달구리야! 조합원 해외 견학 _176
- 대만, 홍콩을 다녀와서 _178

제3부 … 남기고 싶은 이야기

- 60% 가능성만 있다면 _184
- 자기 함정에 빠지지 말아야 _185
- 청렴해야 _187
- 작명가 _189
- 농협이 사업을 해야 한다 _190
- 사업은 원칙을 가지고 해야 _195
- 아쉬운 부분들 _198
- 융합체 _200
- 후배들에게 남기고 싶은 이야기 _201
- 자기 가치를 실현하십시오 _203
- 농인정신을 가져라 _205
- 인사에 신경 쓰지 말아야 _206
- 늘 새로운 것을 생각해야-차별화 _208

맺는 말 _211

나의 퇴임인사 글과 어느 직원의 답장 _212

제1부

나의 나된 것

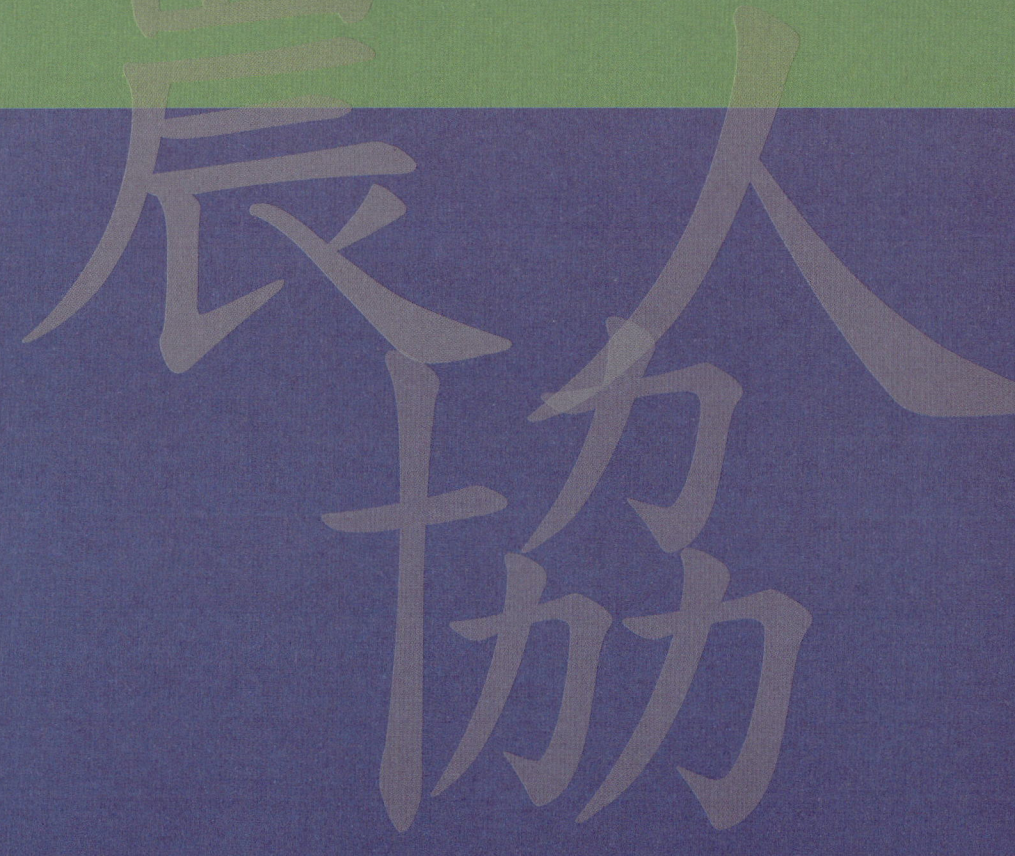

몸 내놓고 일했더니
길이 열립디다

"전무님, 안동 와서 같이 일하다가 상임이사도 맡아서 좀 해주이소."

퇴직하기 3년 전인 2008년 여름, 현재 근무하고 있는 농협 조합장님께서 그 당시 내가 근무하던 일직농협(지금은 합병해서 남안동농협)에 오셔서 갑자기 내게 하신 말씀이다. 처음엔 어안이 벙벙했다.

그 당시 안동농협에는 같이 상무로 승진했던 분이 상임이사로 근무하고 있었다.

나는 예상하지 않았던 얘기를 갑작스레 듣고 '그냥 지나가는 말씀이겠지…'라고 생각하고는 아직 3년이나 남았기에 고맙다는 인사만 하고 헤어졌다.

그런데 두어 달 뒤에 다시 만나서 똑같은 얘기를 진지하게 하셨고 그로부터 2년 뒤 2010년 초에 안동농협으로 이동이 되어 지점장으로 근무하게 되었는데 퇴임을 6개월 앞둔 8월, 다시 오셔서 "○○○ 상임이사께서 내년 4월에 임기를 마치는데 더 하실 생각이 없는 것 같으니 전에 얘기한 대로 상임이사를 맡아달라"는 얘기를 하셨다.

그렇지 않아도 모아놓은 돈도 없고 또 평생 유통 가공사업을 해왔기 때문에 무슨 일을 하기는 해야 한다는 생각을 하고 있었기 때문에 귀가 솔깃해지며, 참으로 신의가 있으신 조합장님이라는 생각과 함께 고맙다는 생각이 들었다. 그러나 바로 대답을 드릴 수가 없는 사정이 있어서, '생각해서 말씀 드리겠다'고 하면서 고맙다는 인사만 드렸다.

일자리를 주겠다는데, 그것도 상임이사를… 통상적으로는 덥석 받아들이면서 고맙다고 넙죽 인사해도 모자랄 판인데 이건 뭐 오히려 내가 '갑'인 것처럼, 생각해보고 승낙 여부를 알려 드리겠다 했으니…. 조합장님 입장에서는 상당히 기분이 언짢았을 것이나, 알았다 하고 돌아가셨다.

그때 나의 사정이란, 미리 섭외 들어온 곳이 있었고 또 한 곳, 내가 책임을 져야 할 곳이 있었기 때문에 돈 때문에, 자리 때문에 도리를 저버릴 수 없었기에 그리할 수밖에 없었다.

그로부터 3~4개월 전 농협 단양군지부 모 지부장께서 단양에 마늘 유통법인이 세워지는데 퇴직하고 법인대표로 와서 일해 달라는 부탁이 있어 이미 한 차례 강의까지 다녀온 곳이 있었다.

또 한 곳은 안동시와 봉화군이 연합으로 조합공동사업법인을 만들어 농산물 유통 가공사업을 시작했는데 시작한 지가 얼마 안 되어서 초기에 많은 어려움이 예상되었기에 근무하는 조합공동사업 대표께서 못 하겠다면, 내가 주도해서 만들었기 때문에 보수는 얼마 안 되지만 내가 책임지고 해야 할 형편이었다.

그 뒤 조합공동사업 법인대표를 만나서 내 사정이 이러한데 당신이 책임 있게 하겠다하면 나는 다른 길을 갈 거니까, 어쩔 거냐 했더니 본인이 책임지고 하겠다고 해서 그 일은 그 대표에게 맡기는 걸로 정리가 되었고, 단양의 일도 다른 분이 맡아서 하게 되었기에 두어 달 뒤에 조합장님께 말씀 드리고 2011년 1월에 퇴직하고 정당한 선임 절차를 거쳐 그해 4월에 상임이사로 일하게 되었다.

나를 나 되게 한
한 권의 책

아무리 생각해보아도 나는 직장인으로서, 농협인으로서 성공한 사람이라는 생각이 든다. 왜냐하면 나의 지나온 걸음을 돌아보면 가슴 뿌듯한 자긍심이 생기니까. 무언가는 이루었다는 만족감이 들기 때문이다. 그러면서 '나를 이런 사람 되게 한 요소는 무엇일까?' 하고 생각해보지 않을 수 없다.

지난날을 곰곰이 돌아보면서 몇 가지 동력의 단초를 찾아보았다.

가장 먼저 생각되는 것은 한 권의 책이었다.

주민등록이 늦게 된 관계로 1974년, 23살의 나이에 친구 동생들과 같이 입대하게 되었는데, 이 무렵 아는 분이 한권의 책을 보내왔는데 〈땅콩박사〉라는 책이었다. 힘든 군 생활 중이었지만 짬짬이 시간을 내어 읽었다.

1865년 남북전쟁 때 흑인 노예의 아들로 태어나 아버지는 죽고 어머니마저 폭도들에게 납치되어가는 현장을 지켜봐야 했던 말할 수 없는 고통과 어려움을 겪었음에도 불구하고 좋은 마음을 내어서 인류를 위하여, 동족을 위하여 무언가는 해야 한다며 공부하고 노력하여 온 인류에게 위대한 공헌을 한, 카아버 박사.

이런 극심한 환경 가운데서도 인류를 위한 농학자로서의 열정과 그의 업적이 그려진 책을 보면서, 비록 얼마 되지는 않지만 나 역시 여기에 작은 공명심이 생겼고 또한 책을 통하여 농업을 새롭게 보게 되고, 농업과 관련된 일에 대하여 깊이 관찰하는 의식이 생겼다.

나중에 농협생활을 하면서 다른 사람이 하지 않는 일, 생각 못하는 길을 만들어 가게 되었는데 이런 것이 물론 타고난 것도 있겠지만 그때 보았던 카아버 박사의 땅콩박사라는 책의 영향도 있었지 않나 하고 생각이 된다.

나를 나 되게 한 짧고 서툰 글

풀

우리고모 밭매는데
풀아
나지마라!
땅속에 지심만 있나
풀아
왜 자꾸 나니 좀 나지마라!
우리 고모 애 먹는다

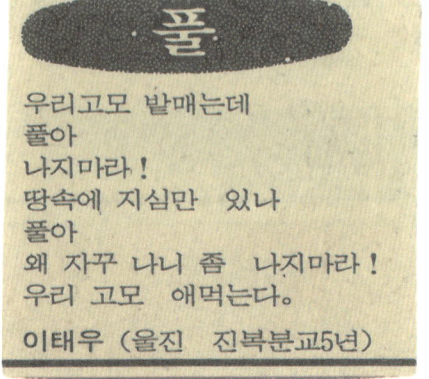

　1987년인가 88년인가 안동 북후농협(지금은 합병해서 북안동농협)에서 근무할 때 농민신문을 펼쳤는데 울진 진복분교 5학년 이태우라는 초등학생이 쓴 글이 내 가슴을 후려쳤다.
　이 초등학생의 눈에 다른 집 누나나 고모는 학교를 가거나 하다못해 도시 공장으로라도 다 나갔는데 돈 없고 힘없어 외지로 나가지도 못하고 허구한 날 밭에 나가 밀짚모자 쓰고 김 메는 자기 고모가 얼마나 불쌍해 보였으면, 힘들어 보였으면 이런 글을 썼을까 하면서 옛날의 우리 부모님, 이웃 어른들 허리 펼 날 없이 묵묵히 땅만 바라보며 살아온 그 생각이 들며 가슴이 미어져 왔다. 또 학교에 오고가며 밀짚모자 쓰고 잡초 뜯는 고모를 바라보며 얼마나 가슴이 아팠으면 알아듣지 못하는 풀에게 저렇게 하소연을 했을까 하고 하염없이 눈물이 흘렀다.

그 뒤 신입직원이나 농업인들 그리고 여러 곳을 다니며 교육할 때도 거의 이 내용은 빠진 적이 없다.

나를 나 되게 한 어떤 아이 이야기

1990년쯤의 일이다.

모두들 나를 보고는 신용 스타일이라 하지만 실지로 나는 유통경제형이다. 뒤에 얘기하겠지만 책임자로 30여 년 근무하면서 농산물 유통에 모든 것을 바쳤다고 해도 과언이 아닐 정도로 농산물 유통에 몰입하였는데 그러기 위해서 현장, 각 영농회 논밭으로 매일이다시피 출장을 나갔다.

하루는 양파 주산지인 일직면 광연이라는 곳에 출장을 나갔는데 아버지가 양파 논에서 일하고 있는데 5, 6세 되어 보이는 딸아이가 시장 난전에서 산 것 같은 그렇고 그런 옷을 입고 혼자서 논둑을 팔짝팔짝 뛰며 놀고 있는데 코에서 오르락내리락하는 누런 코를 가끔씩 옷소매로 쓱 문질러 닦는, 우리 어릴 때 6, 70년대 하던 그런 모습을 몇십 년이 지난 지금 다시 보면서 갑자기 콧등이 시큼해지는 것을 느꼈다.

우리 집 아이도 그 정도 된 아이가 있었는데, 내 아이든 다른 집 아이든 안동 시내에만 살아도 저렇지는 않을 텐데…. 그런 곳이라면 그래도 그렇게 좋지는 않을지라도 간판 붙은 가게에 가서 옷을 사 입히고 피아노 학원이다, 무슨 학원이다 하는 곳에 보내고 또 놀이터에 친구들과 어울려서 노는데, 이러한 농촌의 아이들은 친구도 별로 없고 놀 곳도 없고 놀거리도 없어 부모가 일하는 들에 나가서 외롭게 노는구나 생각하니 가슴이 미어지는 것 같았다. 이런 여러 현상들을 보면서 왜 농업인은 이렇게 살아야 하나, 좀 더 사람답게 살아야 한다. 농민도 잘살 권리가 있다. 이 일을 농협이 앞장서서 해야 한다, 하고 더 마음을 다잡게 된 계기가 되었다.

나는 태생적으로 농협인인가?

나를 나 되게 한 몇 가지를 살펴보았지만 오늘의 내가 될 수 있었던 가장 큰 요인은 태생적인 것 같다. 나는 출생신고가 한 3년 정도 늦게 되었지만 실제로는 1951년 12월(음력) 생이다. 내가 태어날 때는, 내 자신은 어린 아기여서 전혀 몰랐지만 6.25 전쟁 중이어서 출생환경이 제대로 됐을 리가 없었을 것이며 또한 우리세대들이 자랄 때는 6.25 이후라 경제적으로 상상할 수 없을 정도로 가난했다. 겨울에 양말이란, 바닥은 다

떨어져 없고 발등만 겨우 가리는 양말이 전부였고 고무신 깁는 할아버지에게서 기운 검둥고무신을 신고 다녔다.

학교 다니는 것도 매일 20~30리, 왕복 40~50리를 걸어 다니는 것을 당연하게 생각한 시절이었으며 그나마 봄 춘궁기 때에는 식량이 없어서 고모가, 외가에 가서 얹혀 지낸 적이 한두 번이 아니었다.

봄이 되어 돈이 없으면 이웃 돈 있는 집으로부터 5부(월 5%, 연 60%) 고리로 돈을 빌려 쓰고 농협에 영농자금을 빌려 갚았다.

그것도 안 되면 가을걷이해서 돈을 갚는데 그해 농사가 흉년이 들면(그 당시는 농사기술이 형편없었고 비료나 농약도 거의 없던 시기였다) 부채를 갚을 길이 없게 되는데, 그렇게 되면 심하게 빚 독촉을 받게 된다.

한번은 봄에 양식은 없고 가족을 굶길 수가 없으니까 어머니께서 친구한테서 돈을 빌렸는데 그 해 흉년이 들어 이듬해 봄까지 빚 독촉을 받는데 급기야 돈을 꾸어준, 친구 되는 분이 집에 와서 돈 안주면 안 간다는 사태까지 벌어졌다. 안 그래도 식량이 부족한 집에 와서 며칠을 먹고 자고 하며 빚 독촉을 받으니까 어머니가 견디다 못해 울며불며 대판 싸움이 일어났다.

"누가 떼먹는다 했나, 형편이 안 돼서 못 주고 있을 뿐인데 친구가 돼서 좀 기다려주면 안 되나" 하고 소리, 소리 지르며 싸우는 것을 보는 어린 내 가슴이 찢어졌다.

나는 우리 6형제 중 다섯째인데 머리는 괜찮았던 것 같다. 내가 초등학교를 졸업하던 1964년에는 중학교를 입학시험을 쳐서 들어갔다. 물론 불합격하는 학생들도 있었다. 그러니까 1963년 가을에 고향 중학교에서 입학시험을 보았는데 입학생

120명 중 내가 수석합격을 하였다. 그래서 학급 반장을 하였는데 그때 우리 집은 더 어려웠다. 그때에는 학교에서 학생저축을 강하게 권장해서 한 달에 한 번씩 저금을 거두었는데 집이 워낙 어려워 저금할 돈을 낼 형편조차 못 되었다.

보통학생 같으면 그래도 덜한데 모범을 보여야 할 반장이 저금을 못한다는 것이 어린 내 자존심을 상하게 해서 용기를 내어 어머니에게 사정을 얘기했더니 어머니께서 없는 중에도 동전 100원을 주셔서 저금한 적도 있었다.

한번은 아침에 중학교에 갈 준비를 하고 아침을 먹으려는데 아침상에 죽이 올라왔다. 아무리 어려워도 아침에 죽을 먹은 적은 없었는데 아버지께서는 가슴이 쓰리셨는지 어디 돈이라도 빌려보지…, 하시며 몇 술 뜨시고는 자리에서 일어서셨다.

그래도 어머니는 죽이라도 먹고 가라고 재촉을 하신다. 본인은 생각이 없다 하시며, 얼마나 가슴이 아팠으면 눈물을 삭이시며 "어여 먹고 가라!"하실까.

나이가 한참 들어 나는 그때 그 일을 생각하며 '어머니'라는 글을 썼다. 그리고 아버지의 꼬장꼬장 하심을 생각해서 '아버지'라는 글도 썼다.

그 글도 서울 농생명과학대생들의 GET 탐방보고서인 '녀름나래'[1]라는 책자에 실리기도 했다.

---

1) '녀름'(농업, 농사의 옛말)과 나래(날개를 펴고 날아가다)의 합성어. '농업이 날개를 펴고 훨훨 날아가다'라는 뜻.

어머니

벌건 밀기울 죽 한 그릇
아침에 죽 끓임이 미안해서
그나마 자식 한 그릇 더 먹이려고
나는 생각 없다 하시며
수저 놓으시던
인고의 삶을 사신 어머니.

아버지

운동회 날
학교 교실 검은 송판 벽에
하얀 분필로
쓱쓱 쓰시던 아버님,
운동회 마치고
교사들과 면내 기관장들이
술집 아가씨와 교실에서
노래 부르고 노는 것에 울분을 못 참으신,
술집 이름 宸仙屋(신선옥)을 쓰시고야 마는
꼬장꼬장하고 곧은 생을 사신 아버님.

(※저자 주 : 술집 이름은 후손을 생각해서 바꾸었음)

시골 중학교이기는 하지만 그래도 명색이 수석입학을 하였는데 형편이 어려우니 공부에 의욕이 생기지 않아서 2학년, 3학년이 되면서 공부를 소홀히 하게 되어 입학할 때 1등으로 들어갔지만 졸업할 때에는 4등밖에 못했다.

고등학교 입학원서 쓸 때 나는 부모님에게나 학교선생님께 한마디 얘기도 안하고 내 스스로 결정해서 입학원서를 내지 않았다.

원서 내는 기간이 다 지나고 사실을 안 교감 선생님이 퍽 안되어 하셨고 친구들로부터도 머리 아깝다고 하는 소리를 듣게 되었다.

지금은 늦게 검정고시로 자격을 얻어 2년제 대학을 마치기는 하였지만 내 스스로 공부를 포기한 것이 아주 잘못된 일이었다. 그때 내가 공부를 더 했더라면 하는 아쉬움이 많이 남는데 이걸 어찌 글로 다 쓰겠는가.

이런 얘기를 쓰려면 끝이 없는데, 어찌 됐든 내가 어릴 때 보고 겪었던 가난에 대한 사무침이, 지식에 대한 열등의식 그리고 잘 믿지는 못하였지만 어릴 때부터 다녔던 교회, 거기에서 배워 마음속에 자리 잡은 봉사, 구제 희생정신이 나의 오늘, 내 정신을 있게 한 단초가 아닌가 생각한다.

거기에 더하여 앞에서 몇 가지 나열한 그때그때 농촌, 농민들의 현상을 보면서 더 일에 몰두하게 되었다 생각한다.

굳이 또 한 가지를 더 붙인다면 나의 천성이라 해야 할 것이다. 나도 나 자신을 모르겠지만 일에 대한 책임감, 집중력, 추진력,

돌파력들은 어디서 났을까 하고 생각해보게 된다.

　나는 군 생활을 경남 하동에 있는 방공포대에서 근무했는데 그때 경리와 P·X 그리고 군종을 맡아보았는데, 군 생활 3년 동안 제대 한 달여를 앞두고 제대 동기들과 하루 외출해서 남해 금산을 올라가본 것 외에는 외출, 외박을 한 번도 안 했고 휴가도 정한 날짜를 다 써본 적이 없이 꼭 일찍 귀대할 정도로 모든 일을 철저하게 했다.

　또 무엇을 보든지 예사로 보이지 않는다.

　가을에 동리에 나갔다가 마당 한쪽 감나무에 감이 주렁주렁 달린 것을 보면 사무실 차를 불러서 공판장에 출하하게 하는, 이런 마음이 어디에서 생겼을까? 가만있으면, 그냥 보고 지나치면 나도 편하고 동료직원도 편한데… 그리고 다 그냥 지나치는데 내가 그것 안 한다고 욕할 사람도 없는데 왜 내 마음이 그렇게 움직일까 하고 나를 돌아보면 아마도 이것은 천성적인 것이 아닌가 싶다. 이런 것들이 오늘의 나를 있게 만든 원천이겠구나 하고 생각해본다.

농협 안에서 내가 걸어온 길

나는 1973년 4월에 농협에 입사했다. 지금 와서 입사라고 얘기하지 그 당시에는 제대로 된 입사절차도 없었다. 초창기에 사무실도 변변하지 않아 허름한 창고 한켠이나 구멍가게 같은 조그마한 공간 한 칸에 한두 명이 일했는데 그 당시에야 어디 일할 곳이 있었는가… 특히 면 소재지에서야. 더더구나 직장이라고 할 만한 곳이 없었다. 그래도 단위조합이라고 설립되었으니 한두 명 정도의 일할 사람은 있어야 하겠기에 주변에 둘러보고 어느 정도 머리가 돌아갈 사람 같으면 그냥 출근시켜서 일을 시켰다.

그러한 때에 농협에서 일하게 되었는데, 정식 사령장도 없이 일하다가, 농협도 이제 어느 정도 틀을 잡아야 한다며 정식 시험을 쳐서 직원으로 임용하게 되었는데 나는 1973년 4월에 영농부장 시험을 쳐서 4월 8일에 발령을 받아 공식적인 농협직원이 되었다.

정식직원이 되었지만 사업이니 경영이니 하는 개념도 없었고 수익원이라 해봐야 위탁사업으로 비료 판매하고 농약공급하고 조금 생기는 수입으로 한 달 2~3천 원씩 그것도 몇 달 건너 받으면서 일했다. 이렇게 시작한 농협인의 삶이 어언 43년, 특별한 목적의식 없이 시작한 농협인의 삶이었지만 현장에서 농업의 위기 그리고 농업인의 애환을 보면서 나도 모르게 일에 빠져 들게 되어 적지 않은 발자취를 남겼고 지금 돌아보며 흐뭇한 마음가득함을 느낀다.

계속해서 그 이야기들을 써 나가겠지만 나는 그동안 몇 개의 공장을 지어 남이 안 하는, 사업하는 농협으로 만들었다.

고추가공공장, 된장 등 장류사업, 참기름 등 유제품, 깐양파사업, 무말랭이, 세절고추가공사업, 미생물사업, 산약사업, 홍고추 경매사업 등을 했으며 그 사업들이 다 성공하여, 거쳐 온 농협의 근간사업이 된 것을 돌아보며 말할 수 없는 희열을 느낀다. 그러나 그 길은 가시밭길이었다.

만 28세에 단위 사무실을 책임지는 상무가 되어

나는 6.25 발발 이듬해인 1951년 12월 26일(음력)에 태어나서 내 뜻하고 상관없이 2년 여 늦은 1953년 12월 31일 생으로 주민등록이 되었다.

집 나이로 32세이지만 주민등록상 만 28세인 1982년 3월 2일부로 그 당시 사무실 최고 책임자인 상무로 승진되어 안동에서 가장 작은 9명이 근무하는 서후농협(지금은 합병하여 안동농협 서후지점)에서 첫 근무를 시작했다.

지금 같으면 아직 학교에 다니거나 취업을 못하여 취업준비하고 있을 나이에 상무승진(지금은 4급 승진 고시이지만 그 당시에는 바로 상무 승진고시를 쳤다) 고시에 합격하여 가장 낙후한 곳으로 발령을 받아갔다.(그 당시에는 인사권이 시지부장에게 있어 시지부에서 발령을 냈다.)

관내 책임자 중에서 가장 나이가 어렸고 발령받아 간 서후농협에서도 두세 명을 제외하고는 다 나보다가 나이가 많았다.

서후면은 안동시내에서 거리는 멀지않지만 큰 마을인 세 개의 마을로 분산되어 있으며 그 분산되어 있는 마을들은 나름대로 발전되어 있었지만, 면 소재지 마을에는 5일장도 없이 소재지로서는 아주 낙후된 곳이었다. 그래서 농협 또한 매년 결산이 어려워 매해 연말이 되면 분식결산을 하거나 미납된 대출금 이자를 직원이 대납하거나 시재를 비우고 가공입금해서 결산하던 아주 취약한 농협이었다.

그러나 경영은 비록 어려웠지만, 면 인심이 아주 좋았고 평화롭고 조용한 곳이었다.

특히 산세가 좋아서인지 이곳에는 역사적인 삼태사, 안동 김, 안동 권, 안동 장씨 세 성씨의 시조 묘가 있는 곳이기도 하다. 후백제 견훤이 경주, 팔공산 전투에서 고려 왕건을 패퇴시키고 동진정책을 펴 경북 고창(지금의 안동)에서 다시 왕건과 전투를 하게 되었는데 이미 많은 싸움에서 패한 왕건이 불리한 형국에 몰렸으나 그때 고창 성주가 왕건을 도와 견훤을 패퇴시켜 왕건이 후삼국을 통일할 전기를 만들었는데 그때 그 공로로 고창군이 안동부로 승격이 되고 그때 왕건을 도왔던 고창 성주를 비롯한 수령 세 명에게 세 개의 성(姓)을 하사했는데 이때 하사받았다는 성씨가 안동 김, 안동 권, 안동 장씨이다.

그래서 이 세 성씨의 시조 묘가 서후면 성곡리, 태장리에 있을 만큼 특별한 곳이며 또한 안동 장, 의성 김, 원주 변, 진주 하, 한양 조씨 등 종택들이 있어 예의범절이 뛰어나며 또한 우리나라 가장 오래된 목조건물인 봉정사가 있는 등 안동 중에서도 고풍이 잘 전수되고 지켜져 온 곳이라 할 수 있겠다.

이제 이러한 곳에 30 초반의 나이에 책임자로 발령받아 가게 된 것이다.

입사 초창기 사진.

타고난 진취,
보이는 것마다 예사로 안 보여

　이제 이러한 전통적이면서도 낙후된 곳에 상무로 첫발을 내디뎠다. 지금 직원들은 이해가 잘 안 되겠지만 그 당시만 해도 지역농협이 초창기여서 거의 모든 책임과 권한이 상무에게 있었다. 전국농협이 거의 모두 72년, 73년에 이동조합에서 면 단위 농협으로 합병되었고 합병되기 전의 이동단위 농협은 이름이 농협이었지 전국 몇 곳을 빼고는 이름뿐인 요즘의 영농회나 작목반 정도 수준밖에 안 되었다.

　그런 상태에서 정부계획에 의거 합병이 되면서 이동조합장 하던 분들이 면 단위 합병농협의 조합장이 되었기 때문에 죄송하지만 부기나, 계산, 회계, 경영에 대해서는 거의가 문외한이었다. 때문에 조금 더 아는 상무가 모든 것을 행사할 수밖에 없었다. 그러한 막중한 자리에 약관 30 초반의 새파란 상무가 부임을 한 것이다.

　약간 긴장과 떨리는 마음으로 첫날 출근을 했는데 그래도 예의가 있는 곳이어서인지 나보다가 나이가 6~7세 많은 과장이 영접을 나오고 또 안내받아서 면내 기관과 소재지 유력자들에게 부임인사를 했는데 모든 사람들의 호응이 괜찮구나 하는 느낌을 받으며 자신감이 붙었다.

　지금도 그렇지만 체격도 크지 않고 젊을 때여서, 50~60대기관장들이나 점잖은 지역민들이 얕보지나 않을까 염려하기도 했는데, 직원들이 이제 새로운 젊은 상무가 와서 발전시킬 거라, 미리 홍보(?)를 했는지 많은 예우도 받으면서 '이분들이 많은 기대를 하고 있구나'하는 것을 느끼게 되었다.

이제 자리와 직위에 안정이 되면서 내게 내재되어있던 진취성이 꿈틀거리게 되었다. 정말 그 당시 서후농협은 빈약했는데, 사무실 위치부터가 소재지 중심에서 약 300미터 정도 벗어난 외진 곳에, 얼핏 보면 창고 같은 건물로 지어져 있었다. 오죽했으면 그 당시 시지부장이었던 권오제 지부장이 초도방문해서 '두더지 집'같다고 했을까. 그러나 여기가 내 사무실이고 내가 살 곳이라 생각하고 열악한 환경이었지만 면소재지로 셋방을 얻어 이사했다.

그 당시에는 "실사구시"니 "항재농장"이니 하는 말이 쓰이기 전이었다. 그러나 나는 그분들, 농업인들과 같이 호흡하고 그분들과 함께하며 그분들이 바라는 것이 무엇인지, 불편한 것이 무엇인지, 현재 농촌의 문제는 무엇이며 무엇을 어떻게 해야 복지농촌을 만들 수 있을지를 알아야 새로운 농협을 만들 수 있을 것이라 생각하여 남들이 안하는 현장으로 이사를 하였다. 그래서 그곳에서 지역민들과 아침마다 모여 축구도 하고 그때 한창 붐이 일던 동네 야구도 같이하며 그들과 스킨십을 하며 서로가 신뢰를 쌓아갔다. 그리고 영농현장에도 나가보고 젊은 농업인들에게 하우스 복숭아도 권장하는 등 새로운 작목입식을 권하기도 하였다.

이러한 실천이 나중에 기술하는 흩어졌던 힘들이 모여 새로운 일을 하게 되는 중요한 자원이 되었다고 할 수 있다.

무엇을 할 것인가?

이제 무엇을 할 것인가.

면세가 빈약하고 사무실도 외진 곳에 있고 직원도 조합장님과 나를 빼면 6~7명밖에 안 되고 고객도 별로 없고 별로 바쁘지도 않았다.

이제 앞으로 어떻게 해야 할까를 생각한다. 아니 생각한다기보다가 생각이 되어졌다.

무엇을 할 것인가….

사무실 바로 앞은 밭이고 주변에 몇 가구가 살고 있었다. 그런데 사무실 건너편에 우리 농협 참사로 근무하시다가 퇴직한 분이 계시는데 그분이 퇴직하고 양돈을 하고 있었다. 그리고 조금 더 살펴보니 면내에 한우와 양돈 농가가 많은 것이 눈에 들어왔다.

제2부

사업의 시작

사업의 시작

　나의 타고난 진취성, 사업성이 샘솟듯 솟아났다. 가축이 먹는 사료, 이것을 공급하면 어떨까 하는 생각이 들었다.
　그때까지 농협에서는 주로 예금이나, 대출 그리고 농자재를 공급하는 구매사업 또 소량의 농산물을 공판장으로 출하해주는 것이 전부이던 때였다.
　나는 그길로 관내 소와 양돈 사육두수를 파악해 보았다. 놀랍게도 서후면 대두서리는 약 400두의 한우를 사육하고 있는 안동시나 면, 부락 중에서는 아주 많은 한우를 사육하는 곳 중의 한 곳이었으며 또한 서후면 명리를 중심으로 이개리 등은 안동시 가운데서도 양돈이 가장 많은 곳 중의 한 곳이었다. 그리고 그분들은 일반 사료 대리점을 통해서 사료를 구입하고 있었다. 이러한 자원이 있는데 왜 농협에서 손을 대지 않았을까 하고 생각하며 농가에 직원을 보내서 설득하면서 사무실에 사료를 갖다놓고 판매하기 시작했는데 시간이 흐를수록 판매량이 늘어났다.
　이제까지 농협이라고 있어도 농업인을 위하여 적극적이고 능동적인 설득이나 사업을 한 적이 없기 때문에 이제 젊은 상무가 와서 농업인과 농협을 위해서 무얼 해보겠다 하니 많은 사람들이 관심과 기대를 가지고 농협을 통해서 사료를 구입하기 시작했다.

그렇게 사료사업을 시작하여 수량은 차츰 늘어나는데 제대로 된 지식이나 구체적인 계획 없이 시작한 사업이라 진행하면서 여러 가지 문제가 일어나기 시작했다.

가장 먼저 생긴 문제는 수송문제였다. 지금이야 자동차가 집집마다 다 있지만 그 당시에는 농협에도 수송용 화물차가 없던 때여서 소규모 농가는 경운기로 사무실까지 와서 실어가면 되었지만 소규모 농가에만 공급해서는 물량확대가 한계가 있어서 대규모 농가에도 공급해야 하는데 대규모 농가에는 축사까지 수송해주어야 했다.

젊음의 패기로

그 당시는 거의 모든 농협이 직원들 급여 맞추어 주기도 힘들었고 상여금도 정한 것의 반도 못주는 조합이 허다했으며 연말에 겨우 2~3천만 원 흑자 결산하는 정도였다. 그래서 자동차 등 고정투자도 건건이 시지부의 승인을 받아야 투자할 수 있는 시기여서 경영 여력이 약한 서후농협에서는 자동차 구입은 생각할 수도 없었다. 그러나 나는 사료사업에 대한 계획서를 만들고 그 사업을 하자면 4.5톤 탑재가 가능한 자동차가 꼭 있어야 한다는 주장과 함께 이 사업을 꼭 성공시키겠다는,

그리하여 가장 낙후한 서후농협을 튼튼한 농협으로 만들겠다는 결의를 담아 우선 서후농협 이사회에 부의하였다.

약간의 우려된다는 갑론을박이 있었지만 젊은 상무의 패기에 찬 결의를 들은 임원들이 승인을 해주었다. 그리고 시지부에서도 우려를 많이 하였지만 잘 설득하여 자동차를 구입하고 기사까지 새로 채용하여 본격적인 사료사업을 시작하였다.

그렇게 시작한 사료사업, 한 포도 취급하지 않던 농협에서 한 달에 400톤, 20,000포를 공급하는 사료 전문농협이 되었다.

이 사업이 서후농협을 살리는, 그동안 빈약한 농협이라고 기죽어 지내던 데서 규모도 크고 직원도 많은 농협보다 걱정 없이 결산하는 튼튼한 농협이 되게 하는 초석이 되었다. 나 또한 그 사료사업을 통하여 사업에 눈뜨게 되어 가는 곳마다 신사업, 새로운 사업을 하게 되는 계기가 되었으며 서후농협 사료사업 성공으로 인하여 안동관내에서 가장 우수한 책임자의 한 사람으로 발돋움하게 되었다. 그 이면, 그 사업을 성공시킴에 있어 농협 운동체 정신으로 무장된 직원들이 있었기에 가능한 것 또한 사실이다. 일은 누가 하느냐에 달렸다.

갓 농협대를 졸업하고 군 복무를 마치고 전입된 직원에게 예금업무를 맡겼는데 고객응대나 추진 방법이 아주 특이해서 이 직원이면 되겠다 싶어 사료사업을 전담시켰는데 서른도 안 된 미혼으로서 4, 50대 축산 농가들과 교류하며 놀라운 성과를 올렸다. 역시 일은 누가 하느냐에 달렸구나 하는 생각이 들었다.

희망이 보이니
안 되는 것이 없더이다

　이제 사료량이 늘어나고 썰렁하던 사무실에 찾아오는 조합원들이 많아지고 농협이 잘된다 하며 면민 전체가 새로운 눈으로 바라보니 그동안 어깨가 축 처져 있던 직원들의 사기가 올라가고 신바람이 나니 안 되는 일이 없었다.
　사료량이 차츰 늘어나서 하루에 700~800포씩 주문량이 늘어나니 차 한 대로는 감당이 안 되어 사료회사로부터 직송을 받기도 하였는데 하루는 보니 기사가 12시경에 대구사료공장에서 사료를 한 차 실어 와서 내려놓고는 또 대구 가서 한 차를 더 실어오는, 하루에 한 차하기도 쉽지를 않은데 하루에 두 차씩 하고 있는 것이었다.
　물론 내가 시키지도 않았는데 왜 그렇게 하느냐 물으니 직송해서 그 사람들에게 운임을 줄 바에는 조금 더 고생해서 우리 사무실 수익을 올리려 했다는 것이었다. 눈물이 핑 돌았다. 내보다 더 좋은 생각을 하고 있었구나 하는 생각이 들었다.
　이렇게 전 직원들이 신바람이 나서 한마음이 되니 안 되는 것이 없었다.
　지금은 추곡수매를 40kg PP포대로 하지만 그 당시는 54kg 가마니로 수매를 하였다. 그리고 지게차나 컨베이어벨트도 없이 전부 인부를 사서 어깨로 메어 입고했기 때문에 하루 매상 3,000가마를 다 입고하고 나면 빠르면 밤 9시 보통 10시는 돼서야 끝이 났다.

입고 인부를 사서 하지만 늦게 되면 직원들도 도와서 입고를 하는데 9시나 10시에 입고를 다 마치면 그때 다시 마당에 네트를 걸고 직원들끼리 편을 갈라 배구나 족구를 했다.

어쩌다 6시에 셔터 내리고 족구할 때에는 동리 사람들이 나와서 구경하고, 어떤 때는 자기들끼리 편을 갈라 응원하기도 하고, 그렇게 하면 안 된다고 코치도 하고, 누가 먼저라고 할 것도 없이 모두 신바람이 났다.

직원들 생기가 도니 조합원들이 생기가 돌고 면 전체가 생기가 돌았다.

이런 현상을 보면서 나는 생각했다.

협동조합운동이란 바로 이런 거구나…. 나의 이익이나 조직의 이익을 위해서 일했다면 이렇게 마음이 하나 되어 일하지는 못했을 것이다, 하고 생각하며 지역을 위해서 농업인 조합원들을 위해서 더 열심히 해야겠다, 그리고 좋은 뜻으로 하면 꼭 좋은 결과가 있게 된다는 자신을 가지게 되었다.

이제 본격적인 농협 사업가로

이렇게 사료사업이 성공을 거두면서 모두에게 자신이 생겼다. 그리고 누구 하나 몸 아끼지 아니하고 일사분란하게 움직였다. 앞에서도 얘기했지만 시지부 지부장이 방문해서 사무실은 '두더지 집' 같은 데 직원들은 눈에 반짝반짝 생기가 돈다고 얘기했다.

이제 사료사업이 기반이 잡히니 또 다른 것이 눈에 들어왔다.

사료만 공급할 것이 아니라 우리 사료 먹고 자란 소, 돼지 출하사업을 해야 되겠다는 마음이 생겨서 영농회마다 사육 두수를 파악하고 서울축공과 협의해서 소와 돼지 출하사업을 시작했다.

또한 서후면은 전국 민속 경연대회에서 '저전농요'라는 공연으로 최우수상을 수상한 곳인데 이곳은 전국에서도 유명한 '안동포', '주산지', '저전리'(자연 부락명은 '모시밭')가 있다.

옛날에야 모두 바지저고리를 입었고 여름에는 삼베옷을 입었지만 서구 문화가 들어오고 편리한 옷을 찾을 때라 옛날 옷인 한복이나 모시, 삼베옷은 행사 때나 입는 옷이 되어서 찾는 이가 적어 삼베 짜는 집도 자꾸 줄어들던 때였다.

그러나 내 생각에 삼베, 안동포는 희소성이 있고 자연 옷감이기 때문에 앞으로 삶의 질이 나아질 때가 오면 상당한 수요가 일어날 것이라 생각되어 삼베 몇 필을 준비시켜 서울 판촉을 보내기도 하였다. 아직 미숙하고 제대로 된 마케팅을 알리 없어 계속 사업으로 이어지지는 않았지만 어쨌든 눈에 보이는 모든 것이 사업대상으로 눈에 들어왔다.

안동포만 해도 그때부터 계속해서 사업화를 했으면 최고급 옷감으로 팔리는 지금은 농협이 전국최고의 안동포 취급점이 되었을 것이다.

농가 소득을 위하여 한우 입식자금으로 한 마리 팔고 두 마리 사기

이제 사료사업이 정착되어 가는데 예기치 않은 한우 파동이 일어났다. 몇 년 만 기다려주었으면 농협이 멋있게 더 튼튼한 농협이 될 수 있었는데 너무 자신에 차서 오만해져서인지 하나님의 제동장치가 작동되었다.

사료공급과 한우 출하로 농가소득이 좋아지면서 사육두수가 늘어났는데 소비량 대비 전국 한우 사육두수가 많아서 한우 가격이 하락하여 사육농가에 손실이 발생하게 되었다. 이 한우 파동으로 인하여 출하할 때가 되었는데도 출하할 수가 없고, 출하가 안 되니 사료미수금은 자꾸만 늘어나고, 출하가 안

돼 두수가 늘어나니, 늘어난 두수만큼 사료는 더 들어갔다. 거기에다가 언론은 언론대로 이 파동이 수년 이어질 거라고 떠들어댔다.

이러한 현실에서 사무실은 사무실대로 어려움에 처하고 힘도 안 나고 농업인들은 희망이 없으니 실의에 빠지고 이런 악순환이 계속되고 있었다.

그때 또다시 내 머릿속에 한 가지 생각이 스쳐 지나갔다.

상무로 부임하여 사료사업, 한우 출하사업을 하면서 일본의 축산사례를 살펴본 적이 있었는데 일본도 한우파동이 있었는데, 일본은 축산이 사양길이라고 해서 작목전환을 하거나 폐업한 것이 아니었다.

비록 판매대금이 원가에 미치지 못하지만, 큰 소 값이 싸면 송아지 값도 싸기 때문에 큰 소 한 마리 팔아서 송아지 두 마리를 입식하여 마릿수를 늘려서, 우선은 힘들지만 참고 견뎌 호황기가 되어 큰 수익을 올렸다는 사례를 보았던 기억이 났다.

각 영농회별로 "지금은 힘들지만 여러 사례를 봤을 때 언젠가는 회복될 때가 올 것이니 손해 본 것 너무 아까워하지 말고 마릿수를 늘리거나 유지하는 것이 좋다"고 홍보하고 금리를 싸게 해서 한우입식 자금을 배정했다. 모험이었고 무모한 도전이었을 수도 있었다.

젊은 상무가 무엇을 안다고, 소 한번 키워 본 적도 없는 것이 무엇을 안다고… 뭘 믿고 그리했는지 그때를 지금 다시 생각해봐도 아찔하다. 아마 지금 같으면 용기가 안 나서 그리하지 못했을 것이다.

아무튼 그 전략은 적중했다. 물론 소규모 농가는 한우입식을 포기한 농가도 있었지만 어느 정도 규모를 가지고 사육하던 농가, 혹은 마음은 있어도 돈이 없어 사육을 못하던 농가에서는 농협 한우 입식자금으로 두수를 늘리기도 하고 신규로 입식도 하였는데 오래지 않아 회복이 되어서 엄청나게 돈을 번 사람도 있었다.

송아지 한 마리에 70~80만원으로 거래되는 것이 정상이었는데 한우 파동 때에는 7~8만원 가는 송아지도 있었고 비싸봐야 십수 만 원에 많은 두수를 입식할 수 있었는데 1~2년 안에 회복이 되면서 오히려 한우가 비싸게 되어 송아지 원가 면에서도 한 마리당 100만 원 이상의 차익이 생겼으니 엄청나게 수익을 올리게 된 셈이 되었다.

이처럼 생각지도 못하던 새로운 사업들을 하면서 관내에서 가장 낙후하던 서후농협이 몇 년 사이에 사업량이 늘어나면서 직원 수도 17명으로 불어나고 두더지 집 같다던 사무실도 소재지 중심지로 신축, 이전하였으며 경영도 좋아져 연말에 결산 걱정 안 해도 되는 농협이 되어 앞서가던 농협들을 추월하여 타 농협들로부터 부러움의 대상이 되었다.

내가 서후농협에 근무한 지도 지금으로부터 35년 전이지만 아직도 한우입식 자금 얘기를 하면서 고마웠다는 사람도 있고, 서후농협을 살린 사람이라는 등, 아직도 면내에서 많은 사람들이 내 얘기를 한다는 얘기를 들으면서 큰 보람을 느낀다.

이제는 산약 매취 사업으로

 상무 초임으로 서후농협에서 5년을 근무하고 이제 바로 인근에 있는 북안동농협(옛 이름 북후농협)으로 이동이 되었다.
 북안동농협은 일찍 협동조합 운동에 눈떠서 전국 대개의 농협보다 빠른 1969년에 면 단위로 합병한, 안동에서 녹전농협과 더불어 선도농협의 위치에 있었는데 근년 들어 경영이 많이 어려워지고 활기가 없는 농협이 돼서 규모가 적은 서후농협보다 오히려 못한 농협이 되어 있었다. 모두 내게 기대를 하는 것 같았다.
 이제 새로운 임지로 옮겼기에 전임지에서 했던 것처럼 주변을 살펴보게 되었다.

현대화된 산약 가공시설을 둘러보고 있다. 북안동 산약 가공 공장 내부.

북후는 5일장이 제법 크게 열리는 곳인데 5일장에 나가봤더니 많은 농업인들이 하얀 광목자루에 무슨 하얀 짐승 뼈 같은 것을 담아 와서 시장에 내어놓고 상인들에게 팔고 있는 것을 보았다. 그래서 이것이 무엇이냐고 물어보았더니 "마"라고도 하는 산약이라는 것이었다. 그리고 용도는 한약재료로 쓰이는데 한약 지을 때 모든 곳에 다 들어가는 것으로서 북후에서는 많은 농업인들이 산약농사를 짓는데 가을에 수확해서 겨울에 시간 되는 대로 껍질을 깎아 건조시켜서 장날 상인들에게 판다는 것이었다. 그래서 몇 차례의 장날 계속 지켜보니 매 장날마다 상당한 양의 산약이 거래되고 있었으며 그 당시 가격은 600g, 한 근에 1,700~1,800원에 거래되고 있었다.

그때 또 나의 사업성이 번뜩였다. 상당한 양이 생산된다면 이것을 농협에서 취급해서 농업인들의 소득을 올려주어야지 땀 흘려 농사지어서 헐값에 팔아 상인 배만 불려주고 있는 것이 안타깝게 생각되었다.

그래서 산약 전국 생산 분포를 알기 위해 그 당시 직제로 농협중앙회 조사부에 문서를 내어서 전국 산약 생산현황을 알려달라고 해서 받아보았는데 깜짝 놀랄 수밖에 없었다. 전국 산약 생산량의 70%가 경북북부지역인 안동북후와, 인접한 영주 평은에서 생산되고 있었는데 특히 북후에서 집중 생산되고 있었다. 속으로 쾌재를 불렀다. 이런 일이 있다니, 이런 좋은 조건인데 왜 아직까지 농협에서 그냥 있었을까?

이것은 농협인으로서 직무유기다. 이것은 농협이 당연히 해야 할 의무사항이다, 하고 조합장님과 상의하고 판로도 없는 상태였지만 되리라 생각하고 다음 장날부터 산약을 사기

북안동 농협 산약 가공 공장 전경.

시작했다.

그렇게 두세 장 매입을 하니까, 시장 가격이 뛰기 시작했다.

그전까지 600g에 1,800원 하던 것이 농협이 사들이고부터는 3,000원에 거래되기 시작했다. 신기했다. 신기하다기보다 충격이었다. 이제까지 이론적으로 알았지만 사업을 통해서 시장에서, 현장에서 몸으로 겪고 보니 충격과 더불어 희열이 온몸으로 느껴졌다. 시장이나 농민들에게는 폭탄이 떨어진 것 같은 상황이었다. 이것이 돈으로도 70%나 되는 엄청난 이익을 농민들에게 추가로 주게 되었고 정신적으로도 큰 청량제가 되었다.

나는 그런 현상을 보고 아! 이것이 농협의 역할이구나, 구매사업은 이익을 주기는 하지만 그렇게 많은 이익을 줄 수가 없는데 판매, 유통사업은 많은 이익을 주게 되는구나, 하는 교훈을 얻게 되었다.

이 일을 어쩐단 말인가?
일하는 자에게 늘 시련이

앞에서도 얘기했지만 전국의 70%가 생산되는 곳의 물량 상당량을 농협이 매입하니 중간상인들은 주문 받은 양은 있고 물량은 적으니 시장 가격이 오를 수밖에 없었고 또 이제까지는 가격 주도권을 상인들이 가지고 있었으니 자기들끼리 적당히 협의하여 헐값에 살 수 있었지만 이제 자금력이 있는 농협이라는 강력한 경쟁자가 생겼으니 가격이 오를 수밖에 없고 그로인하여 생산자인 농업인들은 엄청난 이득을 보게 되었다.

이러한 상황은 자랑스러웠는데 몇 장 계속 사들이면서 재고처분에 대한 문제가 생기기 시작했다.

생산자들은 가격 잘 주지 중량 안 속이지 하니 농협으로, 농협으로 가지고 오는데 계속 사다 보니 재고는 쌓이고 아직 도매상들과 연결이 안 돼서 팔 곳은 없고 해서 재고처분 문제로 걱정이 되기 시작했다. 지금 같으면야 유통에 대하여 노하우가 있어 저온창고에 보관하면 될 일이었지만 그 당시는 저온 창고도 없었지만, 아직 유통에 눈을 뜨는 시기여서 쌓이는 재고가 걱정이 되었다.

지도(指道), 판매부장을 하다가 조합장이 되신 유통부분에 밝으신 조○○ 조합장께서 서울지인을 통해 소개받은 경동시장의 모 약초 상회에 물건을 보내보라는 얘기를 듣고 산약을 그리로 보내게 되었다.

　지금은 정식 계약도 하고 계약금이나 물건대금을 받고 납품을 하지만 그 당시에는 전국농협이 제대로 된 유통사업의 틀이 잡혀 있지 않은 시절이었고 시장 장악력이나 시장 정보가 어두워서 그저 조합원들 생산물을 팔아주어야 한다는 의욕만 앞섰지 행정적인 절차는 턱없이 부족하던 때였다.

　담당 계원(현 북안동농협 권영구 조합장)과 상의해서 천거받은 경동시장 모 상회와 산약 거래를 하기 시작했는데 처음 얼마 동안은 결제가 잘 이루어졌는데 그다음부터는 결제가 제대로 이루어지지 않았다. 그래도 재고처분은 해야겠기에 곧 해결된다는 말만 믿고 물건을 계속 보냈는데 대금이 3천 수백만 원이 밀려 더 이상해서는 위험하다는 판단으로 거래를 끊고 직원을 올려 보냈더니 자기도 거래처에 물건을 보냈는데 그쪽에서 부도가 나서 어쩔 수 없이 이렇게 되었다고 하소연을 하는 것이었다. 앞이 캄캄하였다. 이 일을 어쩐단 말인가. 물건 보내고 대금조로 약속어음 몇 장 받은 것뿐인데….

　이사 분들이나 조합원들이 이 일을 알면 난리가 날 텐데, 또 곧 감사가 올 텐데 변상하라 하면 어쩐단 말인가 하며 괜히 일에 욕심냈다는 생각이 들기 시작했다.

　그런 중에 마무리 짓지도 못하고 다른 농협으로 임지를 옮기게 되었는데 그곳에 가서도 두고 온 부실채권이 걱정되어서 타 농협에 있었지만 북후 직원과 함께 대금 회수하러 몇 번 서울을 오르내렸다. 다행히 그분이 교사 출신으로 양심은 있는 사람이어서 2년여 동안 분할해서 거의 다 회수를 하고 부족한 부분은 나와 취급자가 2, 3백만 원씩 변상해서 정리하게 되었다.

정말 2년여 동안 심적 고통은 이루 말로 다 할 수 없었다.

그러나 이것이 좋은 양약이었음을 나중에야 알게 되었다.

이 일을 계기로 무슨 일을 하기 전에 한번 더 생각하고 입체적으로 가능성을 검토하게 되었다. 아무리 농업인 생산자를 위하는 일이라 하더라도 지나치게 감성적이거나 의욕만 앞서서는 안 되겠구나 하는 것을 배우게 되었다.

그리하여 모든 일을 할 때에 더 신중하게 하게 되었지만 그러나 타고난 사업성향은 고칠 수가 없어서 다음, 다른 사례에서도 얘기하겠지만 여러 번의 유사한 사례가 있어 어려움을 겪은 적이 있었다.

아마도 타고난 것은 어쩔 수 없구나 하고 생각한다.

그러나 이러한 일로 나와 담당계원은 변상하고 힘들었지만 이렇게 시작한 산약매취사업과 다음에 얘기할 홍고추 경매사업과 더불어 제대로 된 유통가공사업으로 발전되어 지금 북안동농협을 먹여 살리는 주 사업이 된 것을 생각하면 정말 가슴이 뿌듯하며 희열을 느끼며 내 스스로 큰 자랑으로 생각한다.

그것이 시발이 되어 지금 북안동농협 산약사업은 안동시로부터 산약특구로 지정받아 조합원이 생산한 산약 약 500톤을 수매하여 농가 소득을 높여주고 있으며 300여 평의 가공공장에서 제품을 생산하여 연간 100억 원 가까운 매출로 중앙회 가공사업 평가에서 가공대상을 수상하는 등 괄목할만한 성장으로 농협과 지역 농업인에게 엄청난 이익을 보여주는 모범적 가공사업을 하고 있다.

홍고추(붉은 생고추) 경매사업을 시작하다

북후농협에 부임한 7월경이었다.

그 날도 장날 사무실 앞에 나갔는데 시장 안에서나 천방둑에 울퉁불퉁하게 삐져나온 듯이 한 커다란 포대들이 여기저기 흩어져 있고 그것을 놓고 농업인들과 상인들이 흥정해서 사고파는 것이 보였다. 이상해서 이것이 무언데 이렇게 사고파느냐 물었더니 말리지 않은 홍고추를 사고판다는 것이었다. 아니 고추는 따서 말려서 건고추를 파는 것은 봤지만 홍고추를 판다니. 30여 년을 살아오면서 이런 것은 한 번도 보지 못했는데. 이런 일도 있나?'하며 다음 장날도 나가보니 어라 지난번보다 더 많은 양이 거래되고 있는 것 아닌가.

그래서 사무실에서 물어보니 여기는 오래전부터 홍고추로 거래가 되고 있으며 이 홍고추는 주로 서울 상인들을 통해서 도시민들이 홍고추를 사서 자기 집에서 직접 건조시켜 깨끗하고 믿을 수 있는 고춧가루로 만들어 먹는다는 것이며 또 일부는 대형 건조기를 가지고 있는 사람들이 홍고추를 사서 자기 건조기에 말려서 건고추로 시장에 되팔기 위해서 홍고추를 사간다는 것이었다. 그리고 북후는 생산 농가의 반 이상이 일손이 없고 번거로우니 건조하지 않고 이렇게 홍고추로 파는데 그 양이 엄청나다는 것이었다.

이것을 그냥 보아 넘길 수는 없는 나 아닌가.

마침 정부 보조를 받아 신축한 집하장이 완공되었다.

장사에 밝은 조합장님과 상의했다. 홍고추 산지 경매장을 하기로.

세상에 듣도 보도 못한 산지 경매장이라니. 무얼 믿고.

중매인은 어떻게 불러들이고. 중매인들의 경매 보증금은 어떻게 하고. 경매사도 없는데. 장비는? 그러나 내 눈에는 피 땀 흘려 일하는 농업인들에게 이익을 주어야 한다는 것과 시장 둑에 흩어져 있는 홍고추 자루만 보였다. 그리고 하면 된다는, 안될 것 없다는 무모한 자신감만 충만했다.

드디어 개장 날짜를 잡았다.

북후 홍고추의 우수성과 산지 경매장 운영방식, 경매방식에 대해서 알리며 모든 것은 농협이 책임 있게 운영한다는 홍보 팸플릿을 만들어 전국 고추상회 특히 수도권 그리고 안동, 의성 등 상인들에게 발송하고 알렸다.

그리고 농가에는 이제 농협에서 경매를 통해서 판매하니 선별을 잘하여 농협이 정한 컨테이너에 담아서 출하해 달라는 교육을 하고, 없는 경매사는 담당 직원이 담당하고 검사받은 저울과 규격 컨테이너를 구입하고 주 종목이 과류인 안동농협 공판장에 가서 경매에 필요한 각종 서식, 접수, 대금정산 등 여러 가지 업무를 배워오고, 작업 인부도 확보하고 이렇게, 이렇게 하여 드디어 내일로 개장일이 다가왔다.

이제까지는 준비하느라 정신없었는데 이제 막상 내일로 개장일이 다가오니 걱정이 태산같이 밀려왔다.

처음 하는 사업이라 생산자 농업인들이 믿고 출하를 해줄 것인지, 그리고 그냥 시장에서 거래될 때에는 자기 생각에

경매를 기다리는 홍초를 살펴보는 저자.

맞으면 금방금방 팔 수 있었는데 이제 농협에서 하는 경매는 절차에 따라 선별해야 하고 순서를 기다려야 하고 컨테이너에 옮겨야 하고 저울에 달아야 하고 대금 정산도 늦게 되는데 생산자들이 이해하고 따라줄 건지도 걱정이 되고, 상인은 많이 왔는데 물건이 없는 경우가 생기면 어쩌나, 무엇보다도 물건은 많이 출하되었는데 사갈 사람들이 적어서 가격이 폭락하거나, 생물인데 매매가 안 이루어져 창고에 쌓아놓게 되면 어쩌나 하는 등등의 태산 같은 걱정이 밤새도록 이어졌다.

걱정에 걱정을 하다가 이튿날 북후 장날 예정된 첫 경매일이 되었다. 조마조마한 마음으로 집하장에 나갔다. 집하장 마당과 진입하는 도로에 차로 혹은 경운기로 많은 양의 홍고추가 출하되고 있었다. 처음 하는 계근(무게를 다는 일)이고 또 컨테이너 작업이지만 별 불평 없이 생산자들은 직원들이 안내하는 대로 집하장 안에 차곡차곡 상자들을 쌓아놓고 있었다. 이제 출하걱정 한 가지는 덜게 되었다. 생산자들이 불평하거나, 물건이 출하되지 않으면 어쩌나 하는 걱정을 했는데 물건이 산더미같이 출하되었으니….

이제 경매에 참가할 외지 상인들만 많이 오면 된다. 또 많이 와야 경쟁이 돼서 경락 가격이 높게 형성되어 농업인들에게 이익이 되고, 또 그렇게 되어야만 이 사업이 계속될 수 있기 때문에 시간이 다가올수록 입술이 바싹바싹 탔다.

이제 경매 개시 시간이 되어 가는데 여기저기 못 보던 사람들이 눈에 띄었다. 접수하는 직원들의 중간보고에 의하면 생각보다 많은 중·도매인들이 등록을 했고 잘 알지 못해 연락을 안 했는데도 서울, 안양, 부산 등지에서도 상인들이 왔다는 것이다. 오! 하나님, 하며 감사의 언어가 내 입에서 절로 나왔다.

그렇게 시작한 첫 홍초 경매는 정말로 기막힐 정도로 대성공적으로 마치게 되었다. 홍초 경매가도 이제까지 생산자들이 시장에서 kg당 800원~1,000원 정도 하던 것이 kg당

북안동 홍초 출하 광경.

300~500원 높은 1,100~1,500원까지 형성되어 농업인들에게 많은 이익을 줄 수 있었고 중도매인들의 경매 참가 시 선납한 보증금 내에서만 경매를 보기 때문에 대금 걱정도 전혀 없어서 좋고, 매매대금의 3%를 경매수수료로 받았는데 하루에 2, 3백만 원의 수수료 수익이 발생하니 이보다 더 좋을 수가 없었다.

이렇게 시작한 홍고추 경매사업.

맨땅에 헤딩하듯이 전혀 사전지식 없이, 어떻게 보면 무모하다 싶은 사업을 무식하게 시작한 홍고추 사업이 지금까지 30여 년째 이어져 오고 있으며 앞에서 얘기한 산약사업과 홍고추 경매사업이 북안동농협을 먹여 살리는 근간이 된 것을 생각하면서 말할 수 없는 희열을 느끼고 또한 무엇보다 안정적인 판로를 만들어 북안동농협 관내 조합원들이 마음 놓고 농사지을 수 있게 한 것과 그분들의 소득을 높여주었다는 것이 나의 큰 자긍심이 되었다.

북안동농협 홍초 경매 광경.

조합원 교육에 눈을 뜨다

약관 30대 초반에 서후농협 상무로 처음 발령받아 가서는 경험도 없고 경륜도 없어 그저 농민을 위한 선한 마음과 책임감, 의무감으로 앞뒤 살필 겨를 없이 앞으로 앞으로만 갔는데 초임상무 5년을 보내고 이제 30대 후반으로 접어들며 경험과 경륜도 생겨서 생각하며 일을 하게 되었다.

그전까지는 대개의 농협이 판매사업이나 무슨 사업을 해도 매취(買取)를 해서 조금 이익이 생기면 바로 처분해서 연말 결산에 보탬이 되게 하는 그런 단기 이익만을 위한 사업을 해왔는데 곰곰이 생각하니 그것은 농협이 추구해야 할 바른 사업이 아니라는 생각이 들었다. 그리고 매년 족집게도 아니고 꼭 수익이 발생한다는 보장도 없는 그런 사업을 계속하고 있어서야 언제 지속적인 경영안정을 기할 수 있겠나 생각하고는 장기적이고 지속적으로 농민들을 위하고 조직경영에 이익을 줄 수 있는 사업을 해야 되겠다 하고 생각하며 그러한 기틀이 만들어지자면 구성원인 조합원들의 교육이 필요하겠구나 생각하게 되었다. 현재 농업환경은 어떻고 시장 상황은 어떻고 정부시책은 어떻다는 것을 알리고 그에 대비해 우리 농협은 앞으로 어떤 방향으로 가고자 하니 조합원님들도 지역과 농업 농촌의 발전을 위하여 지도에 따라주고 같이 협력하자는 취지의 교육을 시작하게 되었다.

농업인 학교 교육자료.

강의하는 필자.

　회의실이 없어서 면사무소 회의실을 빌려 영농회장, 대의원들을 모시고 기회 있을 때마다 농협이념 교육을 하였다. 앞에서도 소개했지만 그때 초등학생이 쓴 '풀'이라는 짧은 글을 농민신문에서 보고 조합원 교육 시 그 글을 소개하면서 감정에 북받쳐 조합원 앞에서 눈물도 보였다.

　이러한 가슴의 교육이 잔잔하게 조합원들 가슴에서 가슴으로 전달되어 크게 발전되는 계기가 만들어졌으며, 이렇게 교육을 통하여 의식이 바뀌면 엄청난 시너지 효과가 발생한다는 것을 알고부터는, 다음에 소개하겠지만 다른 임지에서는 외부 강사를 초빙하여 농업인 학교를 운영하는 등 더욱더 교육에 힘쓰게 되었다. 이러한 사업에 대한 열정, 사업의 성공 그리고 교육 경험 등이 나중에 전국을 다니며 100여 차례 이상 사례강의를 하게 된 계기도 되었다.

형편이 되면 나누어야

이제 어느 정도 경영도 좋아지고 분위기가 좋아져서 조합원 잔치를 하게 되었다.

홍고추 경매장에 무대를 만들고 관내에 60세 이상 되는 분들을 초청해서 각종 사업에 대한 설명을 하고 선물을 드리고 도시락을 나누어 먹으며 우리 멋있는 농협을 만들자고 다짐하는 그런 자리를 갖기도 하였다.

나는 지금도 그렇지만 구성원 모두가, 위에서부터 아래까지 마음이 하나가 되면, 우리가 무엇 때문에 이 일을 해야 한다는 공감대만 형성되면 안 될 일은 없다고 생각한다. 그리고 어느 정도 상식이 있는 사람이라면 개인이 아닌 우리 모두의 이익을 위해서 힘을 모으자 하는 데는 이견이 있을 수 없다고 생각한다.

그래서 지금도 충분한 토론을 하여 공통된 안을 만들어 일을 진행해 나가기를 힘쓰고 있다.

젊은 사람이 와서 전에 없던 사업, 교육을 시작하니 조합원들의 호응이 대단하였다. 원래도 옹천(북후면 소재지) 5일장은 안동에서도 이름 있는 장이었는데 농협에서 산약 사고 홍고추 경매사업도 하고 교육하고 하면서 면 전체 분위기가 상승했다.

그러다 보니 북후와 인접해 있는 영주 평은면, 안동 녹전면, 봉화, 영주, 예천 일부 사람들까지 홍고추고 산약이고 가지고 옹천장에 나왔다. 농협이 생기가 도니 면 전체가 생기가 돌았다. 모든 사람의 입에서 칭찬이 자자했다.

연세 지긋하신 면내에서 덕망이 높으신 어르신 한 분은 설을 맞아 손수 지으신 한시를 써서 내게 주셨다.

물론 신나고 좋은 일만 있었던 것은 아니었다. 서후에서 하던 사료사업을 북후에서도 하였는데 산약이다, 고추다 하느라고 담당 과장에게 맡겨놓고 신경을 덜 썼더니 사료 미수금이 약 3천만 원 가까이 되었는데 야간도주를 해서 못 받게 되어 그 돈 받으러 어렵게 주소를 알아 대구까지 회수하러 가고 했던 일도 있었고 또 유기질 비료 리베이트 때문에 오해를 받았던 일도 있었다.

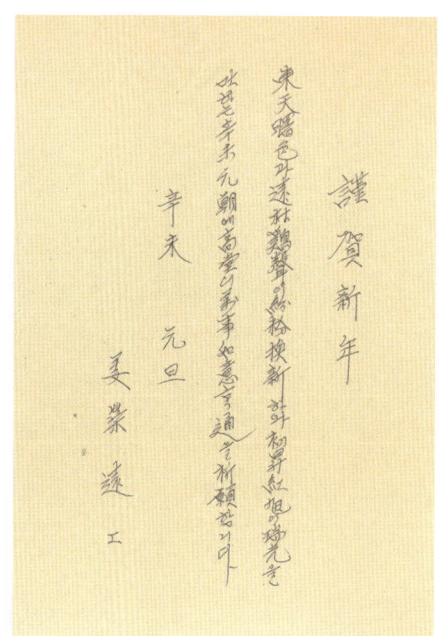

연세 지긋하신, 면 내에서 덕망이 높으신 어르신 한 분은 설을 맞아 손수 지으신 한시를 써서 내게 주셨다.

양곡 한 창고가 썩었어요 —
이것도 유익을 남겼다

북후 부임 첫해 여름에 이런 일도 있었다.

하루는 정부양곡 도정공장에서 전화가 왔다. 북후에서 보관했다가 출고된 양곡이 썩었다는 것이었다. 아니 양곡이 썩다니… 창고에 곱게 보관했다가 출고했는데 양곡이 썩다니….

급하게 도정공장에 가보았더니 포대 몇 개를 풀어내어 놓았는데, 뜬 냄새도 나고 색깔도 변해 있었다. 이게 웬일인가. 어찌 이런 일이 있을 수 있단 말인가. 시청관계자와 도정공장에서는 변상해야 한다고 으름장을 놓았다.

기가 막힌 일이 발생되었다. 사무실에 돌아와서 창고를 확인해보니 100평 양곡 한창고가 몽땅 변질이 되었다. 물론 그중에는 아주 심한 것도 있고 조금 덜한 것도 있었다. 앞이 캄캄했다. 직원들에게 어찌 된 일인지 물었더니, 그 전 해 그러니까 내가 부임하기 전 해 가을에 추곡 수매할 때에 출하된 벼를 농산물 검사소에서 검사는 다 했는데 고정으로 입고하던 작업 인부들과 입고 작업료 관계가 원만히 협의되지 않아 인부들이 조금 입고하다가 마당에 쌓여있는 상태로 태업하고 가버려 당일 입고하지 못하고 하룻밤을 마당에 그냥 야적된 상태로 두게 되었는데, 하필 그날 밤에 소낙비가 와서 위에 덮기는 덮었지만 비가 워낙 세게 많이 와서 땅 가까이 적재 되어 있던 3단까지는 비에 잠겼다는 것이었다.

이것을 그냥 입고했으니 안 썩는 것이 이상하지.

이러한 상황을 인수인계할 때에 알았더라면 출고요청을 해서 일찍 출고라도 했을 거고, 또한 수시로 곡온이나 보관상태를 확인해서 문제를 예방할 수도 있었는데, 인계하고 간 전임 책임자도 아무 얘기도 없었고 그 당시 근무했던 직원들도 아무런 얘기가 없었으니 내가 알 턱이 없었다.

그렇다고 전임자에게 책임져라 할 수도 없는 일이고. 그때부터 이 일을 해결하기 위하여 정신없이 뛰었다. 시청과 도정공장에는 찾아가 사정해서 일단 선별을 해서 별문제 없는 정상품은 그대로 수령하고 나머지 부분은 사무실에서 책임지기로 양해를 얻었다. 그렇게 한들 4~5천 가마나 변질된 것은 어쩐단 말인가.

다른 방법이 없었다. 내가 한 것이 아니라고 배 내밀고 있을 수도 없었다. 내가 한 일은 아니지만 책임자로 와 있는 이상 사후 정리하는 것도 책임자가 할 일이기에 몇 가지 방안을 만들어 정리하기 시작했다. 우선 정확한 파악이 필요했다. 그래서 전 직원들이 포대별로 확인해 정도에 따라 분류작업을 시작했다.

변질이 되었더라도 외형이나 냄새에서 정상품과 별 차이가 없는 것은 정상적으로 도정공장으로 보내고 아주 심한 것은 폐기하고 좀 덜한 것은 떡집에 판매하고 그중에서도 상태가 조금 나은 것은 시지부장과 관내 조합장님들과 협의하여 안동 관내 직원들에게 몇 포씩 공급하기로 하였다. 참 고마운 일이었다.

이것이 협동조합이구나 하는 것을 새삼 느끼게 되었다. 물론 지나고 나서 욕도 많이 먹었다. 육안으로 봐서 거의 괜찮은 것을 골라서 직원들에게 공급했는데 이미 뜬 냄새나, 뜬 기운이 쌀 내부에 스며들어서 밥을 했을 때 밥 색깔도 안 좋고 밥에서 냄새가 나서 못 먹고 버리기도 하고, 손해를 보고 떡집에 다시 판 직원들도 있었다.

지금 직원들 같으면 부탁조차도 못할 일이었는데 그래도 그때는 우리 모두 초창기에 같이 고생했고 협동조합 이념에 많이 몰두해 있던 때였기에 가능한 일이었다는 생각이 든다.

그런데 문제는 이 양곡사고가 언론에서 알아서는 안 되는 일이어서 외부 인부를 사서 이고와 선별작업을 할 수가 없었다. 그래서 전 직원들이 메어 달렸다.

출근해서 작업복으로 갈아입고 누가 볼까 양곡창고 문은 걸어 잠그고 8, 9월 한창 더울 때 창고 안에서 작업을 했다. 선별하는 것이 한 번에 될 일이 아니었다. 한 번 옮겨서 1차적으로 껍질을 벗겨서 검사하고 또 뒤집어 다른 쪽은 어떤지 검사하느라 한 포대를 세 번 네 번씩 옮겨가면서 작업을 해야 했다. 하루에 7~8명의 직원이 동원되어서 10,000포 가까이 되는 양곡을 한 달 정도 걸려서 작업하고 또 정리해서 일부는 변상하고 종결을 지었다.

처음 이 사고가 발생했을 때는 어떻게 처리하나 싶어 앞이 캄캄했는데 시간이 가니 그 또한 끝나는 날이 있구나 하는 생각이 들었다.

사고를 통해서 얻은 교훈

이런 양곡사고를 통해서 몇 가지 귀한 교훈을 얻었으며 이것이 또한 오늘의 나를 있게 한 좋은 재료가 되었다고 생각한다.

첫째로 배운 것은 모든 일은 처음에 제대로 잘해야지 문제가 생긴 뒤에 그것을 복구하는 데는 처음 비용과 노력의 몇 배가 든다는 것이었다. 아마 처음에 입고작업비가 협의가 잘 되었다면 20~30만 원 정도면 되었을 것이고, 비에 젖은 것을 입고한 뒤에라도 바로 알고 조치했더라면 양곡 보관료 몇 개월 치 덜 받았으면 되었을 것인데 이렇게 큰 사고로 이어지니 직원들은 직원들대로 애를 먹고 도정공장에 수천만 원 변상하고 떡집이나 직원들에게 할인한 비용, 제반 수습비용까지 계산한다면 수백 배의 비용이 들었다. 조직에서의 일도 마찬가지고 사람의 삶에도 똑같이 적용될 귀한 교훈을 그 일로 배우게 되었다.

두 번째로는 매사를 철저하게 해야 하며 특히 핵심적인 부분은 책임자가 직접 눈으로 확인해야 한다는 것을 배웠다. 그래서 나는 지금도 각 지사무소장들에게 중요한 부분은 말로 지시하지 말고 직접 눈으로 확인하고 챙기라고 한다.

세 번째로는 정말로 위기는 기회라는 것을 배웠다.

처음 북후농협에 가서 느껴진 것은 직원 상호 간에 알력이 있는 것을 느꼈다. 서로 비방하고 비협조적이어서 사무실 일의 진행이 제대로 되지 않았다.

이렇게 될 수밖에 없는 이유를 얼마 지나지 않아 알 수가 있었다.

북후면에는 소재지를 중심으로 특정 성씨가 30%를 점하고 있는 특수한 지역이었다. 그래서 늘, 특히 선거나 이권이 걸린 일에는 늘 서로 대립하고 갈등이 있었다. 그러니 이러한 현상이 농협 안에서도 일어날 수밖에 없었다.

그러한 중에 양곡사고가 발생하였다. 그런데 놀랍게도 평소에 내재되어 있던 갈등과 비협조가 사고라는 비상사태 앞에서는 간 곳이 없어지고 모두 하나가 되어, 한 몸같이 움직였다. 오직 이 비상사태에서 농협이, 내 일터가 안전해야 한다는 위기의식으로 하나가 되는 것을 보았다. 이걸 보면서 이런 일도 필요한 면이 있구나 하고 생각하게 되었다. 또한 이제까지 게으름 피우고 귀찮아하고 매사에 적극성이 없던 직원들까지도 모두 발 벗고 나서 정말로 몸 아끼지 않고 한 몸같이 하는 것을 보고 흔히들 얘기하는 비상사태는 흩어져 있던 마음들이 하나가 되게 하는 좋은 면이 있구나 하는 것을 체험하게 되었다. 그리고 나 개인적으로는 이러한 어려움을 통해서 경영자로서의 능력이 많이 향상되었다는 것을 느끼게 되었다.

이제 새로운 임지로

　이렇게 북후농협에서 3년을 근무하고 안동에 있는 임동농협(지금은 합병하여 동안동농협 임동지점)으로 옮기게 되었다.
　나는 직원으로서 37년여를 근무하는 동안 여섯 곳을 근무하였는데 그중에 임동농협에 각 1년씩 두 번 그리고 나의 농협인으로서 꽃을 피운 일직농협에서 3번, 17년을 근무하였는데, 북후농협에서 3년을 근무하고 1990년 초에 임동농협으로 1977년도에 이어 두 번째로 발령받아 가게 되었다.
　1977년 처음 근무할 때는 승진하기 전 부장(옛 직급)으로 1년 근무하고 이동이 되었는데 이번에는 책임자로 다시 가게 되었다.
　그때의 임동은 임하댐이 건설되어 신단지로 이주하였고 건물도 신축사무실이라 깨끗하였을뿐더러 수몰 보상금이 나와서 경영상태도 아주 좋았다.

자리를 양보해주고…

그리고 그 당시에는 직제가 '2급 을', '2급 갑'이 있어 사무실 규모에 따라 '2급 을'이 근무할 곳, '2급 갑'이 근무할 곳이 구분지어져 있던 때였다.

지금은 수몰되어 농협이 어려워져 합병되어 지점이 되었지만 그 당시는 안동 관내에서 경영상태가 아주 우수하여 2갑이 근무할 수 있는 몇 곳 중의 한 곳이었으며 그 당시에는 인사권이 시지부에 위임되어 있어서 시 지부장이 임의로 인사하던 때였다.

근무한 지 1년쯤 되는 2월 어느 날 선배이며 승진이 빠른 선배 한 분의 전화를 받았다. 아주 각별하게 지내는 사이인데도 조심스럽게, 때가 돼서 승진은 해야겠는데 자기 근무하는 곳은 '2급 을' 배치 사무실이니 미안하지만 자리를 비켜주면 안 되겠느냐고 부탁을 해왔다.

나는 승진에 대하여 생각 자체를 안 하며 일해 왔는데 갑자기 그런 얘기를 들으니 뭐라 답을 할 수가 없었다. 그래 생각해보지 않은 일이라 생각해보겠다 하고 전화를 끊었다. 그리고 그 일을 조합장께 얘기를 드렸더니 조합장께서는 이제 근무한 지 1년밖에 안 됐고 호흡 맞춰서 잘하고 있는데 그렇게 해서는 안 된다고 얘기를 하셨다. 그래서 고민을 하고 있는데 그다음 날, 그 당시 시 지부장이던 조제영 지부장께서 찾아왔다. 와서 얘기는 관내 사정이 여의치 않으니 김 상무가 자리를 비켜주면 고맙겠다는 것이었다. 내가 양보해주면 인사 문제가 원활히 잘 풀릴 수 있는데 그렇지 않으면 전체가 어려워진다는 것이었다.

나는 조합장님과 상의한 일도 있어서 결정하기가 곤란했지만 내가 양보하면 모든 일이 원만하게 잘 정리된다고 해서 그렇게 하겠다고 승낙을 해주었다. 지부장은 고맙다고 하면서 어디로 가기를 희망하는지 원하는 대로 해주겠다는 것이었지만 나는 어디로 이동이 돼도 상관없으니 지부장님이 알아서 조치해 달라고 했다

그렇게 하고 조합장님께 얘기했더니 굉장히 아쉬워했다. 그리고 다른 농협에 근무하는 동료 책임자는 나를 보고 왜 그렇게 바보같이 했느냐면서, 그 선배보다 승진이 1년밖에 안 늦은 건데 못 비켜준다고 버티고 있으면 자동 승진이 될 텐데 왜 그렇게 했느냐고 핀잔을 주었다.

그러나 나는 기분이 상쾌하고 아주 좋았다. 승진 좀 늦게 하면 되지. 그것이 무슨 큰일 날 일이냐, 열심히 해서 성과만 올리면 되지 하고 홀가분한 마음으로 새로운 임지인, 전에 부장 때 4년 동안 근무했던 일직농협으로 이동하게 되었다.

인생만사 새옹지마

이렇게 해서 임동농협에서는 짧게 1년씩 2번을 근무하고 일직농협으로 옮겼는데 그곳에서 나의 농협 생활의 꽃이 필 줄을 누가 알았으랴.

어쨌든 가장 어린 나이에 가장 못난 사람이 일찍 상무가 되었지만, 그동안의 발자취는 어떤 경력 있는 책임자보다 뛰어난 모습을 보여 시지부나 관내 모든 사람에게 능력 있는 사람으로 각인되었는데, 거기에 더하여 승진양보까지 했으니 칭찬이 자자했으며 고맙다, 대단하다는 인사를 들었다.

3월경에 자리를 양보하고 나왔는데, 나에게 권유했던 지부장께서 이런 사실을 경북 지역본부에 보고해서 6개월 뒤인 그해 9월에 유례가 없는, 지역본부 특별승진 케이스로 2급 갑 승진을 시켜주었다.

이 얼마나 좋은 일인가. 억지로 마지못해 자리를 비켜준 것도 아니고 스스로 생각해서 흔쾌히, 기분 좋게 비켜주었고 고맙다는 인사와 주변으로부터 많은 인사까지 듣고 이어서 6개월 뒤에 승진까지 했으니 이것이야말로 인생만사 새옹지마 아닌가 하는 생각이 들었다. 나중에 또 얘기하겠지만 나는 이곳에서 승진을 또 한번 양보하였다.

나는 예나 지금이나 똑같은 생각으로 농협인의 길을 가고 있다.

절대로 인사 청탁하지 않는다. 승진에 목매지 않는다. 상 받으려고 일하지도 않고, 상 받으려고 힘쓰지도 않는다는 원칙을 가지고 일하고 있다. 그래서 나하고 근무한 사람들은 여러 면에서 손해를 보는 경우가 많이 있었다.

나만 상 받을 생각 안 한 것이 아니고 직원들도 챙겨 주지를 않았으니.

'일직', 나의 모든 것이 있는 특별한 곳

이제 새 임지에 왔다.

이곳은 1978년부터 4년을 부장으로 근무했던 곳이다. 농협 초창기여서 촌스럽고 환경이 좋지는 못하였지만 인정이 있어 정들었던 곳이며, 근무를 시작할 때에는 총각이었는데 이곳에서 결혼하여 이제 이곳은 나의 처가의 곳이 되었다.

그리고 이곳에서 부장으로 처음 근무할 때 농협중앙회에서 제정한 '농민봉사상' 첫해 수상자가 되었다. 고향도 아니고 아는 사람도 없는 이곳에서 근무한 지 불과 2~3년 정도밖에 안 되었는데 그리고 고향 출신도 많이 있었는데 어찌 외지에서 간 내가 되었는지 의아한 마음이 들었다. 대의원 총회에서 대의원들의 투표로 수상자를 결정하게 되어 있었는데 투표로 결정하는 날 공교롭게도 나는 예비군 훈련받으러 가고 없었는데 훈련 마치고 오니 투표로 내가 결정되었다는 것이었다. 좋기도 하면서 어째서 내가 받게 되었을까 하는 생각이 들었다.

농민봉사상은 각 농협별로 표창을 하고, 각 농협표창자들을 시지부, 지역본부 심사를 거친 후 중앙회의 심사를 거쳐 전국단위 농민봉사상을 표창하게 되어 있었는데 나는 지역본부 추천으로 중앙회까지 상신은 되었지만 중앙단위 상은 받지 못하였다. 어찌됐든 상의 성격 그대로 농민에게 봉사했다는, 농민들이 고맙게 생각해서 주는 상이기 때문에 굉장히 의미 있는 상을 그곳에서 받게 되었다.

또한 81년 2월에 결혼하고 그해 11월 2급 을 상무 승진 고시에 응시하여 합격을 하였다. 약관 31세에(주민등록으로는 만 27세).

이와 같이 나에게 있어 일직은 행운의 곳이며 아주 의미 있는 곳인데 이제 다시 두 번째로 이제는 책임자로 승진하여 다시 근무하게 되었다.

기상천외한 일을 시작하다
고추 가공사업

떠난 지 10년 만에 다시 일직에서 근무하게 되었다.

그동안 일직도 많이 변해 있었다. 직원도 많이 바뀌었고 임원들도 거의 바뀌어 있었다. 그리고 처음 근무할 때에는 초창기 어수룩한 티를 벗어나지 못한 농협이었는데 이제 10년이란 세월이 흐르면서 많은 부분이 발전되어, 전에는 결산하기 힘들어 농업인 조합원들을 생각하기 힘들었지만, 이제는 지역에서의 위치가 상당한 수준에 이르렀고 지역과 농업인 조합원들을 위하여 농협 본연의 일을 해나갈 정도의 수준에 이르러 있었고 직원들의 업무 수준도 많이 발전되어 있었다.

조합장님은 전에 처음 있을 때 같이 탁구치고 공 찼던, 나보다 몇 살 위인, 활동력 있는 장ㅇㅇ라는 분이 조합장이 되어 계셨고 직원들도 젊은 직원들은 바뀌어 잘 모르는 직원들이었지만 선임 직원들은 같이 근무했던 아는 사람들이었다.

조합장님과는 서로를 알아서 장 조합장님도 내가 조직적이고 빈틈없이 일하며 새로운 창의적인 일을 한다는 것을 알고, 나도 그분이 조합장 되기 전에는 특정 정당의 면책을 할 정도로 지역에서 인지도도 있었고 추진력이나 활동반경이 넓은 분임을 알아서 서로가 상의해서 무엇을 할 것인가, 어떻게 하면 농협을 더 발전시킬 것인가 같이 고민하고 상의하였다.

그때나 지금이나 마찬가지이지만 이제 농협이 자립의 틀이 어느 정도 잡히면서 사회적으로 농협이 농업인을 위한 일은 안 하고 자기들 먹고살 궁리만 한다는 여론이 생겼고 그러한 것을 의식해서 정부나 중앙회에서 농협의 농민을 위한 그리고 사회적 역할에 대하여 많은 논의가 되고 있었다.

그러한 상황에서 '실사구시' '역지사지' '신토불이' '항재농장' 등의 액자가 사무실마다 걸리기 시작했다. 그러면서 자연스럽게 농가 소득증대를 위하여 그리고 농산물의 부가가치를 높이기 위하여 농협이 가공사업을 해야 한다. 가공사업을 통하여 농협이 농업인이 생산한 농산물을 전량 수매해서 농업인이 안심하고 농사지을 수 있게 해야 한다는 사회적 공감대가 형성되었다. 그 일환으로 90년대 초에 전국적으로 농협 가공사업 바람이 불어서 중앙회에서는 1시·군 1가공사업을 하게 하려고 지역특산물이 있는 지역에 주산지 농협을 중심으로 가공사업을 권유하였다.

전통적으로 경북 북부 지역은 고추로 유명한 곳이었다.

지금도 마늘은 의성마늘, 고추는 영양고추로 알려져 있듯이 영양, 청송, 봉화고추는 생산량도 많았지만 맛이나 색택(빛깔)에서 타의 추종을 불허할 정도이다. 그런데 이 지면을 빌어서 바로 잡아야 할 것이 있는데 예나 지금이나 전국 고추 생산 1위 지역은 안동이고 고추 유통 1위는 더 더구나 안동이다.

생산 1위는 통계상으로 면적이 1위이니 이의가 있을 수 없는데 유통량 1위가 안동이 된 것은 의성, 예천, 영양, 청송, 봉화에 계신 분들께는 죄송하지만 경북 북부지역은 안동을 중심으로 위의 지역들이 위성도시 형태로 되어 있어 그 지역 사람들도 중요한 것은 안동에서 해결하였고 그에 따라서 각종 농산물도 안동으로 반입이 되고 안동에서 다시 대도시로 출하되었다. 그렇기에 자연스럽게 영양, 청송 등지에서 생산된 고추는 수집상을 통하여 안동으로 모이므로 전국의 고추 대상(大商)들도 안동에 있는 상회를 통해서 구입하게 되므로 전국 고추의 6, 70%는 안동을 통해서 유통이 되었다. 그래서 경북 안동과 서울 경동시장이 전국 고추시세를 좌지우지하게 되었다. 그래서 농업분야의 부가가치를 높이기 위한 농협 가공사업이 시작되면서 자동으로 고추는 경북 북부 지역으로 오게 되었는데 1990년 10.25일에 안동시지부장 실에서 안동, 의성, 예천, 청송, 영양, 봉화 6개 시, 군지부장과 2개 회원농협 조합장이 모여서 가공공장 건립추진 위원회를 개최하는 것을 시점으로 본격적인 가공사업이 닻을 올리게 되었다.

홍초 출하 모습.

간절함이 있으면 길이 열려

　처음에는 이렇게 경북북부지역을 대상으로 고추가공사업을 구상하였으나 6개 시군이 참여했을 때의 농가 실익문제와 효율성, 관리의 문제 그리고 사업성공에 대한 불안 등으로 다른 곳은 빠지고 안동만으로 가공사업을 하기로 결정되어서 다시 안동의 16개 농협의 조합장님들이 91년 4월에 발기인 총회를 가지므로 역사적인 안동 고추 공동 가공사업소가 첫발을 내딛게 되었다.
　그 뒤 수차례의 회의를 거쳐 공장 설치지역은 풍산농협(지금 서안동농협) 관내에 설치키로 하였으나 풍산농협에서 물색한 대상지가 적지(適地)가 못 되어서 다시 희망농협의 천거를 받은 풍산, 남후, 일직 세 곳의 예비 후보지를 16개 전 조합장들께서 현지답사 후 부지가격이나 고속도로 접근성이 가장 좋은 일직지역에 건립하기로 하고 일직농협이 주관농협으로 결정되었다.
　물론 그렇게 진행이 되기까지 장 조합장님과 전무인 나와의 진취적인 협의와 눈에 보이지 않는 유치 전략이 있었기에 가능한 일이었다.
　이렇게 하여 일직에 공장이 세워지게 되었는데 일직 관내 조합원들이나 임원들은 환영 일색이었지만 공장 유치를 빼앗긴 풍산농협에서는 심각한 문제가 발생했다. 큰 기대를 하고 있던 가공공장을 규모도 적은 다른 농협에 빼앗겼으니 조합장이 무능해서 그렇다며 조합장 퇴진 여론까지 생기는 등 어려운 상황에 처했다는 얘기를 듣고 상당히 가슴이 아파왔는데 다행히 고추 가공공장 대안으로 김치가공사업을 하기로 하고 김치공장을 짓고 김치가공사업을 시작하였는데 그것이 풍산농협으로서는 터닝 포인트가 되어 지금 풍산농협의 서안동 풍산김치는 우리나라에서도 가장 인기 있는 김치의 하나가 되어 풍산농협(지금은 서안동농협)의 효자 사업이 되었다.

생소한 공동사업

설명의 순서가 바뀌기는 하였지만 그때 중앙회에서는 가공사업은 시설이나 원료구매 마케팅 등에 많은 자금도 필요하고 전문성도 필요하고 마케팅에도 많은 인력이 소요되고 또한 대규모 가공사업이 어느 한 농협의 조합원이나 농협의 이익이 되어서는 안 되는 것이고 또 리스크가 발생했을 때 위험도 분산시키기 위해서 공동사업규정을 만들어서 지역 관내 농협이 공동으로 사업을 하도록 하였는데 앞에서도 언급했지만 1991년 그 당시는 안동 관내 16개 농협이 있었고, 중앙회 규정에 의해서 당초 협약한 대로 16개 농협 전체가 참여하여 공동으로 출자하고 공동으로 경영하고 관리하는 공동사업으로 하게 되었다. 그래서 주관농협은 일직농협이 되고 다른 15개 농협은 참여농협이 되어 1농협당 3천만 원씩, 총 자본 4억 8천만 원으로 공동가공사업을 시작하면서 일직농협 내에 공동가공사업소를 설치하기로 하여 먼저 공장 설립하는 일부터 시작하게 되었다.

조합장님과 봐두었던 부지를 보고 배치도 그려보고 기초준비를 한 가지씩 해 나가기 시작했다.

생소한, 처음 해보는 가공사업일뿐더러 공동사업이라 무엇부터 해야 할지 막막하기도 하였지만, 하면 된다는 일념으로, 해야 한다는 생각으로 진행해 나가는데 정말 보통 일이 아니었다. 더구나 일직농협 단독사업이면 의사결정이나 집행이 어려운 가운데서도 쉬울 수 있지만, 공동사업이라 정말 힘들었다.

어떤 의사가 결정되는데도 16개 농협의 조합장님들이 참석한 운영협의회에서 합의가 되어야 하고 그것이 또 16개 전농협의 이사회를 거쳐야 하고 또 필요시 각 농협의 대의원회를 거쳐야 하고 그렇게 해서 의사 결정이 되면 행정관서의 허가를 받아야 하는데 허가도 각각의 관련 있는 해당부서의 허가, 협조를 다 받아야 하기 때문에 엄청난 힘이 들 뿐만 아니라 많은 시간이 소요되었다. 그러나 해야만 했다.

사무실 2층에 별도의 공동가공사업소 사무실을 설치하고 공동사업규약을 만들고, 전체가 모여 의사 결정하기는 많은 시간이 소요되고 힘 드는 부분이 많으니 운영위원회 아래 소위원회를 만들었다. 그리고 공동가공사업소와 주관농협인 일직농협 그리고 참여하는 참여농협간의 역할과 책임 등에 대한 규칙을 정하여 운영에 대한 틀을 만들었다. 그 대강의 줄거리는 이렇다.

1. 공동사업을 통하여 관내 고추 재배농가의 소득을 향상시킨다.
2. 공동사업소는 공동으로 운영하고 운영의 책임은 주관농협인 일직이 진다.
3. 결산 시 발생한 손익은 공동으로 배분 혹은 부담한다.
4. 모든 의사결정은 규약에 의거 총원이 모인 운영위원회나 소위원회에서 결정하고 결정에 따라 주관농협이 집행한다.

이러한 큰 틀의 그림을 그렸다.

그리고 독립된 공동가공공장을 짓고 가공사업을 해나갈 인력이 필요했다.

이 사업은 사무실에서 일반적으로 하던 평이한 일이 아니기에 능력을 가진 우수인재를 뽑아야 했기에 고심을 하다가 전임 서후농협에서 사료사업을 맡겼던 황찬영 상무(그 전 해에 상무로 승진해 있었다)를, 우리 같이 새로운 일을 해보자고 불러서 가공사업소 소장을 맡기고 늘어나는 업무량에 따라 조금씩 직원을 늘려나가면서 공장 신축하는 일부터 시작하였다.

두 번 다시 못할 일

나도 그 당시는 40대 초반, 황 상무는 31, 2세 때였고 더구나 생소한 가공공장 건립업무라 정말 아무것도 없는 백지 상태에서 오직 의욕, 열정만으로 매달렸는데 세상에 어디 모든 일이 열정만으로 되는가. 내부적으로는 부지조성, 생소한 공장설계, 각 농협과의 협의, 의사결정 그리고 외적으로는 행정관서 허가문제 등 해결해야 할 일이 감당이 안 될 지경이었다.

사전 지식이라도 있고 관련 인맥이라도 있었으면 그래도 수월할 수도 있었겠지만, 아무것도 없는 데서 해야 했기에 설계, 건축, 허가 부분에 대하여 책을 사서 공부해가면서 계획을 세우고 부서마다 다니면서 상의하고 길을 찾고, 때로는 싸워가면서.

지금이야 정부나 행정부서에서의 이해나 협조가 많이 좋아졌지만, 그 당시에는 완전 갑 중의 갑이었다.

하루에도 몇 번씩 시청, 도청을 찾아가고 서류를 몇 번씩 새로 꾸미고 때로는 눈물로 한숨으로, 어쩌면 황찬영 상무가 아니었으면 이 일을 성공시키기 힘들었을지도 모른다. 그 힘드는 가운데서도 우리는 희망을 이야기했다. 농업인들의 웃는 얼굴을 그리며 몸 아끼지 아니하고 일했다. 이 지면을 빌어 다시 한번 수고했고, 고마웠다는 얘기를 황찬영 상무에게 전하고 싶다.

나중에는 시청의 모 직원이 그 열심에, 끈질김에 감복해서 도와주었다는 이야기를 후일에 들었다.

이렇게 말로 할 수 없는 고생을 하여 허가받아 드디어 1993년 초에 대지 3,263평에 건평 1,288평의 가공시설을 42억의 공사비로 준공하여 이제 본격적인 고추가공사업을 시작하게 되었다.

진짜 사업이다

　이제까지 두 번 다시 못할 일, 고생 고생해가며 공장을 지었고 공장만 지으면 힘든 일은 없을 줄 알았는데 그것은 사업을 하기 위한 준비작업일 뿐이고 이제는 진짜 사업을 해야 했다.
　원료를 구입하고 기술자를 붙여 양질의 가공품을 생산해야 하고 그것을 소비자에게 팔아서 수익을 남겨야 하는 진짜 사업을 해야 했다.
　여기 오기까지는 막연한 희망, 어떻게 되겠지 하는 생각밖에 하지 못했는데 막상 공장을 다 짓고 나니 앞이 막막했다.
　원료야 고추 생산 조합원들을 통해서 구입하면 되겠지만 생산한 가공품은 어디에 판단 말인가. 누가 어떻게 판단 말인가. 기가 막힐 노릇이었다. 그런데 그것보다 더 큰 걱정이 있었다. 참여농협의 바람이었다.
　지금은 그래도 그때보다 나아졌지만 그 당시만 해도 농협사업은 주먹구구식이 대다수였다. 막연하게 어떻게 되겠지. 공장 지어 생산해놓으면 농협이라는 브랜드가 있으니 소비자가 믿고 사주겠지. 매출이 오르겠지. 수익이 생기겠지 하고 무작정 사업을 시작하던 때였다. 농협이라는 이름만 붙이면 만능일 줄 알았다.

1988(?)년도의 고추파동

　가공사업을 시작하기 몇 해 전 88년인가, 89년인 걸로 기억되는데 농민회를 중심으로 농민 저항운동이 전국적으로 일어날 때가 있었다. 하필 그해에 고추가 과잉생산이 되어서 고추가격이 폭락되고 팔 곳도 없어서 고추를 쌓아놓고 불을 지르기도 하였다.

　경북 영양에서는 농민들이 군청에 진입 점거하고 농성하는 등 심각한 상황이 발생하였으며 인접한 안동에서도 시청에 진입하는 사태가 발생하였는데, 그때 나는 북후에 근무할 때인데 앞에서 기록한 대로 북후농협에서는 홍초를 수매하여 팔아주었기 때문에 북후에서는 그런 시위가 없었는데 나중에 시청 농정과장이 북후농협에 대해서 고마웠다는 인사를 듣게 되었다.

　이러한 고추 파동을 겪으며 이제 지역농협에서는 관내 조합원들이 생산한 농산물을 팔아주어야 한다는 의무감이 생기면서 그에 대한 심적 압박이 가슴을 짓누를 때였다.

참여 농협의 속셈

그러한 상황에서 정부나 농협중앙회에서 전국적으로 가공사업을 권장하게 된 것이지만 정부나 중앙회의 권유가 아니더라도 지역농협의 존재 이유가 조합원의 권익향상, 소득증대이기 때문에 당연한 일이었다.

그러던 차에 안동의 주산물인 고추가공공장이 설립되면 관내 전 농협의 고추를 공장에서 다 수매해서 고추 판매에 대한 걱정은 안 해도 되고 또 공장에서 다 팔면 수익이 발생할 거고 그 수익을 각 농협이 공정하게 배분받게 되어 있으니 이거야말로 꿩 먹고 알 먹는 기막힌 사업이었다.

그래서 각 농협에서는 고추가공사업에 엄청난 기대를 하였는데 제조, 가공사업이 어디 그렇게 호락호락하랴. 그랬다면 그 좋은 것을 왜 이제까지 안 했을까.

또 눈 밝고 머리 좋은 일반 사업가들이 왜 손 접고 있었을까.

나와 황 상무는 이제 어떻게 팔 것인가. 어디에 팔 것인가, 하고 머리를 맞대고 고민을 하면서 홍보 팸플릿도 만들고 전국 각 농협으로 뛰어다니고 아는 사람을 찾아 기업으로 판촉 나가고 비록 공동가공사업소이지만 주관농협의 책임이 있기에 백방으로 노력했다. 그러나 시장이 그렇게 금방 열리지 않는다는 것을 오래지 않아 깨닫게 되었다.

공동 사업의 위기
— 필연적인 것

　팔려야 원료를 구입할 수 있는데 매출이 생각만큼 되지 않으니 고민이 깊어갔다.

　참여농협의 협조를 받아 각 농협에서 한 명씩 차출 받아 전국농협으로 조를 편성하여 판촉을 나가기도 하고 주관농협의 책임이 있어 2~3명씩 도시지역으로 판촉도 보내고 계통조직이나 기업에 선물용으로 써달라고 판촉을 나갔지만 그 실적은 미미하였다. 계통농협 마트에 부탁, 부탁해서 매대에 진열을 하여도 소비자가 사가지 않는 데야 소비지 농협인들 방법이 있겠나. 식품이 유통기한이 있어 때가 되어 30%도 안 팔리고 반품이 되고 정말 갑갑하기 이를 데 없었다.

　제조업이, 유통업이 시장에 안정적으로 자리 잡는데 많은 시간이 걸리는 것을 그제야 알게 되었다. 아무리 좋은 착안, 계획, 제품일지라도 3~5년은 걸려야 되는 것을 사업을 해나가면서 깨달았고 그것이 다음 사업을 진행하는 데에 많은 교훈이 되었다. 아주 특별한 제품이라 할지라도 시장에 깔려야 하고 그 제품을 소비자에게 알리고 소비자들이 구입해서 써보고 좋다 차별된다는 인식이 들어서 주변에 입소문이 나고 재구매를 하고 하는 순환주기가 농식품 특히 고춧가루 같으면 2~3년은 걸려야 한다.

같은 농식품이라도 과일이나 쌀 채소같이 재구매 주기가 짧은 것은 다를 수 있지만 고춧가루는 핵가족 시대에 더구나 김치를 사 먹는 시대에 고춧가루 1kg을 사면 4~5개월, 거의 6개월은 먹으니까 먹어보고 좋더라고 홍보되고 재구매하고 하는 데까지는 많은 시간이 걸리는 것이었다.

그리고 물론 재래 방앗간에서 분쇄한 것과는 확연하게 다르게 공기 세척도하고 쇳가루도 제거하고 입도도 일정하게 하고 가공과정도 청결하게 하여 차별되는 우수 고춧가루이기는 하지만 워낙 속고 살아온 소비자들이라 그것이 육안으로 확연하게 들어나지 않는 이상 그놈이 그놈이라는 인식이 되어 있고, 더구나 가격도 더 비싸니 소비가 제대로 될 턱이 없었다.

공장 짓고 전국으로 밤잠 안 자가며 뛰었지만, 공장경영은 손실을 시현할 수밖에 없었다. 이제 그 화살은 주관농협인 일직농협에 돌아올 수밖에 없었다.

고추도 잘 팔고 이익 배분도 받을 줄 생각했던 각 농협 조합장님들이나 전무들의 원망 소리가 귓가에 들려오기 시작했다. 첫해 결산할 때 감사로 선임된 동료 전무들이 꼬치꼬치 따지고 들었다. 심지어 판촉하기 위하여 사용한 전화료까지 물고 늘어졌다. 너무나 섭섭했다. 기가 막혔다. 정말 내던져버리고 싶었다.

그러나 어쩌랴 현실은 현실인 것을. 원망 소리를 들어가면서 손실 난 부분을 각 농협이 안분(적절히 나누어)하여 결산을 하였는데 이듬해인들 무슨 뾰족한 수가 있을 수 없었다.

사과가 썩었어요
— 아! CA 저장고

고춧가루 매출이 제대로 안착되자면 앞으로도 몇 년이 걸려야 해서 다른 방법을 찾다가 건고추를 저장하기 위해서 지은 저온창고에 사과저장을 해서 창고수익을 올릴 생각을 했다.

그때 일직에서 지은 저온창고는 그 당시로는 획기적인 CA(Controlled Atmosphere) 저온저장고였다.

가공공장을 설계한 대구의 모 설계회사에서 외국에서는 상용화되었고 우리나라에서도 진도모피 등 몇 곳에서 이미 수년째 저장하여 좋은 성과를 내고 있다 하면서 CA 부분에 국내 최고 권위자인 경북대 이○○ 교수의 자문을 받아 설계를 하여 CA 저장고를 짓게 되었다.

CA 저온저장고는 저장고 안에 있는 산소와 질소의 비율을 인위적으로 조정해서 생물의 신진대사 작용을 억제시켜 가장 신선한 상태로 생물을 저장하는 저장방법인데 대기 중에 78%인 질소를 질소 발생기를 통하여 94%로 늘리고 산소를 2~3%, 이산화탄소를 2~3%로 인위적으로 조정하는 것으로, 쉽게 설명하면 저장공간 안에 생물이 호흡하는 산소량을 줄여 생물이 죽지 않을 정도의 상태로 만들어 수확 후의 성장활동을 중지시켜 일반 저온저장고보다 저장기간을 2~3배 연장시키는 신저장기술이라 할 수 있다.

이 기술이 국내에 도입된 지 얼마 되지 않을 때인데 이것을 설명만 듣고 덜컹 받아들여 짓게 되었는데, 앞서 설명한 대로 창고 가동률도 높이고 보관료 수익도 높이기 위해서 각 참여농협을 통하여 보관 희망자를 신청 받아 가을에 사과를 입고하였다.

공적인 일은 무슨 일이든 검증을 거친 것을 해야 한다

그런데 이렇게 입고한 사과가 탈이 난 것이다.

이듬해 초에 사과 출고를 하는데 급한 연락이 왔다. 사과가 썩었다는 것이었다.

무슨 소리야, 사과가 썩다니, 관리를 어떻게 했기에 썩었단 말이냐, 하고 사업소로 달려갔다. 가서 보니 겉으로 보기에는 전혀 이상이 없었다. 그런데 반으로 잘라보니 속이, 사과껍질 밑 부분서부터 거뭇거뭇하게 색이 변해 있었다. 공장장이나 관리자 말로는 CA 저장고의 질소 발생기 작동이나 창고 내 온도 변화나 수분 관리 상태 등은 컴퓨터로 자동측정 기록되는데 기록상으로는 전혀 이상이 없다는 것이었다.

그럼 어째서 이런 일이 생긴단 말인가. 기가 찰 노릇이었다. 우리는 교수의 자문에 의해서 창고를 짓고 교수의 지도대로 수확하고 입고하고 그분이 시키는 대로 컴퓨터에 조건을 입력하고 기계 고장 없이 자동관리 하고 있었는데 왜 이런 일이 생긴단 말인가.

뚜렷한 이유를 알 수가 없었다. 자문 교수에게 연락해도 책임이 돌아갈까 해서 인지 사과를 너무 완숙시켜 수확해서 그렇다는 둥, 사과 자체에 문제가 있을 것이라는 말만 할 뿐이었다. 경북 군위에 있는 사과 연구소에 의뢰도 했지만 명백한 답이 나오지 않았다.

원인을 찾는 데는 많은 시간이 걸릴 것 같아서 일단 일직 관내 위탁농가와, 함께 보관한 타 농협에 이 사실을 알렸다. 난리가 났다. 이웃사촌이 더 무섭다고, 서후농협에서는 농협에서 매취(買取)해서 위탁 보관했기 때문에 농협 자체에 손실이 날 형편인데도 어쩔 수 없는 것 아니냐고 하며 그냥 물건을 가져갔는데 정작 일직 관내 위탁 보관한 조합원들이 더 문제를 일으켰다.

어쩔 수 없이 일정 부분을 변상해줄 수밖에 없었는데 그해 사과 값이 수확기 때보다 저장 후 출하할 시점에 가격이 더 하락했었는데 그렇다면 출하 시점 가격을 변상가로 해야 하는데 수확기 가격으로 변상해야 한다는 것이었다. 게다가 이런 상황을 방송국에 알려서 취재까지 나오게 하고….

물론 일 년 지은 농사 버려놓았으니 그 마음이야 오죽했을까마는 그러나 경우에 어긋나게 요구하고 고의도 아닌데 자기

농협을 어렵게 만드는 그런 처사에 너무나 속이 상했다.

어쨌든 몇 달을 걸려서 이 상황도 정리하기는 했는데 이 일로 인해서도 많은 교훈을 얻었다. 새로 시작하는 것은 조금 늦는 한이 있더라도 다른 곳을 통해서 검증된 것을 해야 한다, 하는 것을 배우게 되었다.

또 성공으로 가는 길에는 늘 이런 시련과 고통이 따르는구나 하고 생각하게 되었다.

공동사업이 깨어지고

가공사업 초기에 매출이 오르지 않아 손실은 발생되고 그것을 만회하려고 시작한 저장사업도 오히려 안 하기만 못하게 되어버렸으니 가공사업소는 손실의 폭이 더 커지게 되었다. 그렇다고 매출이 쑥쑥 올라 2, 3년 안에 흑자로 전환될 가능성이라도 보이면 참고 기다리지만, 그것도 불투명한 상태가 되니, 좋은 희망적인 기대를 가지고 참여했던 각 참여농협에서 한 농협, 두 농협 공동사업에서 빠지겠다는 의견이 나오게 되었다.

모두 주관농협인 일직농협의 책임이니 일직농협에서 맡으라는 것이었다. 방법이 없었다. 그리하여 1991년 4월에 큰 희망을 가지고 시작했던 공동가공사업이 3년 만인 1994년 8월 27일에 운영협의회를 통하여 '공동가공사업소를 일직농협이 단독으로 인수하고 희망하는 2~3개 농협이 공동으로 참여하고 납입했던 출자금은 97년 말에 무이자로 상환'하는 걸로 의결이 되었다.

처음 16개 농협이 공동으로 하던 것에서 일직, 임동, 남후 3개 농협이 공동으로 하고 다른 농협은 완전히 손을 떼는 1차 개편이 이루어졌다.

참고로 공동가공사업소의 경영상태를 살펴보면 91년에 협약에 의해 공동사업을 시작하고 93년에 공장을 준공, 본격적인 사업을 시작하였는데, 1996년까지 매년 수천만 원씩 적자가 나서 참여농협이 손실을 안분 부담하였고 준공하여 본격적인 사업을 시작한 지 5년 만인 97년에 처음으로 25,893천원의 흑자결산을 하여 일부를 적립하고 일부는 이익배당을 하게 되었다. 정말 감개무량하였다. 고진감래였다.

이익 배분보다 더 중요한 것

그 뒤로 계속 성장하여 매년 수천만 원의 흑자를 계속 시현하다가 2007년에는 10억5천만 원의 흑자를 내었다.

우리 모두 알고 있고 그것을 위하여 유통 경제사업을 하고 있지만 사업을 통해서 흑자를 내고 그 이익을 배분하는 것보다 더 중요한 것은 사업소가 적자가 나서 손실을 배분받아 당해 사무실 손익이 줄어지더라도 관내 조합원들이 생산한 고추를 시장조건보다 더 좋게 수매해줄 수 있다는 것, 이것이 더 중요한 것이고 이것이야말로 우리 농협의 본연의 임무가 아닌가 생각한다.

1차 구조가 개편될 때 비록 손실이 나서 당해 사무실에 부담이 되지만 이러한 것을 더 중요하게 여기고 끝까지 공동사업에 동참하기로 결정하신, 지금은 돌아가셨지만 그 당시 임동농협의 김광세 조합장님의 결정은 참으로 현명한, 농협이념에 충실하신 훌륭한 조합장님이었다는 것을 다시 한번 생각해본다.

앞에서도 언급했지만 처음 16개 농협이 함께하다가 다 빠지고 3개 농협이 같이 하게 되었는데 그것도 몇 년 같이 하다가 남후농협이 또 빠지고 일직농협과 임동농협만 끝까지, 지금까지 함께하고 있다. 그 과정 중에도 여러 가지 일이 많았다. 나도 그 중간, 1998년에 타 농협으로 이동하였다가 2004년에 다시, 3번째 일직농협에서 근무하게 되었다.

초창기 때는 매출부진으로 어려움이 있었지만 어느 정도 시장에서 안정적인 매출이 이루어지고 또 고춧가루 군납을 농협이 맡게 되면서 고추 가공공장을 가진 농협에서는 호황을 누리게 되었는데 호사다마라고 어려울 때는 어떻게 하면 먹고살 것인가에 집중하느라 다른 것은 살필 겨를이 없지만 이제 형편이 나아지니 좀 더 욕심을 내게 되면서 여러 문제가 많이 생기게 되었다.

글 쓰는 의도와는 다르기 때문에 여기서 다 밝힐 수는 없고, 또 다른 곳에 근무할 때 발생한 것이라 다 알지도 못하고, 이런 여러 가지 일들이 겹치면서 함께하던 남부농협이 다시 빠지고 일직과 임동만 함께하는 구도로 바뀌어서 지금까지 하고 있다.

그러나 분명한 것은 이 고춧가루 가공사업이야말로 농협 가공사업도 성공할 수 있다는 대전기가 되었으며 이 가공사업으로 인하여 고추 생산농가에 돌아간 이익은 이루 말로 다할 수 없을 정도이다. 이것이 가공사업의 진수이다.

이제까지 시장을 통해서만 팔던 고추를 두 곳 농협 조합원들이 생산한 전량을 다 사들이고도 부족해 인근 농협, 더 나아가 타 군 지역 농협 고추까지도 매입해서 경북 북부지역의 고추 생산농가에 이익을 보였으니 그리고 그 가공사업을 통하여 농협의 유통사업이 활성화되고 경영도 아주 양호하게 되었으니 이것이야말로 진짜 성공한, 그리고 자긍심을 가져도 충분한 성공적인 사업이었다.

가공사업에 눈을 뜨다
된장, 참기름, 무말랭이, 깐 양파도 시작

서후농협, 북후농협을 거치며 나름대로 사업에 눈을 떠서 이제 내게 있어 특별한곳, 일직에서 사업의 꽃을 피우게 되었다.

1993년에 고춧가루 가공사업을 시작했는데 대리점을 통해서 판매하든지 직원이 판촉을 나가든지 고춧가루 한 품목만 가지고 다니기는 너무 아까웠다. 그래서 이왕 가는 길이니 다른 품목을 개발해서 같이 판매하면 훨씬 공장가동 면이나 이익 면에서 유익하겠다고 생각해서 여러 가지 품목을 대상으로 정보도 수집하고 관련 있는 여러 사람을 만나면서 고심하던 중 고춧가루 가공과 연관이 있는 고추장, 된장, 메주 사업을 하기로 하였다.

처음 고춧가루 공장을 시작할 때 기술자를 스카우트했듯이 장류 제조에 탁월한 기술을 보유한 기사를 충남에서 스카우트하였다. 그리고 시중에 이미 많은 종류의 제품이 있고 또 순창고추장처럼 이미 브랜드 인지도가 높은 제품들이 있었기 때문에 같은 종류의 제품을 만들어서는 승산이 없다고 판단하고 차별화된 제품을 만들어야 한다면서 공장을 책임진 공장장이 안동다운 제품을 만들자고 하였다. 그래서 몇 가지 특화의 기준을 세웠다.

1. 일반 고추장은 밀가루가 많이 들어가는데 우리 것은 국내산 찹쌀고추장으로 하자.
2. 완전 숙성되어 깊은 맛이 나는 숙성 고추장을 만들자.
3. 안동식 전통 고추장을 만들자.

남안동 유지류 생산라인.

장류공장에서 숙성중인 메주.

고추장 콘테스트

남안동 농협 장류공장 전경.

그리하여 이러한 제대로 된 고추장을 재현하기 위하여 고추장 콘테스트를 하자고 황 상무가 제안을 하였다. 안동은 예나 지금이나 효(孝)와 경(敬)을 중시하는 곳으로서 반가(班家)도 많았고 고택도 많고 따라서 종갓집도 상당히 많다. 그래서 각 종갓집에서 전통적으로 내려오는 고추장 맛을 재현하기 위해 종갓집에 관련된 몇 분과 반가에서 오랫동안 고추장을 담갔던 몇 분들을 섭외하여 모시고 고추장 콘테스트를 하였다.

물론 거기에는 이벤트 성격도 다분히 포함되어 있었지만 이러한 과정을 거쳐 안동 전통 찹쌀고추장이 탄생하게 되었다. 시대적으로 요즘은 고춧가루나 고추장을 덜 먹기는 하지만 일직에서 생산한 안동고추장을 드셔본 분들로부터 안동전통찹쌀고추장이 정말 맛있다는 얘기를 많이 듣고 있으며 우리는 요즘도 이 고추장을 사서 먹고 있다. 그 맛이 정말 입에 짝짝 붙는다.

그렇게 발전되어 계속해서 품목이 늘어났다. 가공사업을

하면 품목은 늘어나게 되어있다. 가공사업의 노하우도 축적되고 사업의 재미도 생기고 사업으로 인한 여러 유익한 일들이 많이 생기니까. 그리고 주 품목과 연계된 상품개발이 쉬우니까 사업은 계속 확장되게 되어 있다.

고추장과 더불어 된장, 메주 사업도 연계품목으로 시작하게 되었고 그 또한 깊은 맛이 우러나는 전통 맛을 재현하도록 하였는데 이 장류 사업 특히 메주와 된장사업이 일직농협에서는 없어서는 안 될 효자사업이 되었다. 전국 수많은 곳에서 된장을 만들어 팔고 있는데 나는 된장 공장을 했기에 여러 곳의 이름 있는 된장, 안성의 ○○농원 된장, 광양의 ○○농원 된장, 충북의 ○○체험마을 된장 등 여러 곳의 것을 먹어보았지만 일직농협의 콩마을 된장보다 더 맛있는 된장은 먹어보지 못했다.

이렇게 맛과 품질이 우수하니 일직의 된장사업이 성공할 수밖에. 앞으로 여러 부분을 더 상세히 기술하게 되겠지만, 가공사업의 부가가치는 형태만 변화시키는 것보다는 내용이 완전히 바뀌는 품목을 선택하는 것이 수익성이 훨씬 높고 각종 시시비비에서도 벗어날 수가 있다.

예를 들어 고춧가루는 건고추를 빻아서 고춧가루로 만드는 것뿐이기 때문에 소비자가 직접 가격비교가 가능해서 높은 단가로 팔기가 어렵다. 고추 1kg을 분쇄하면 고춧가루 800g 정도가 나오는 것을 아니까 판매단가를 높게 할 수가 없지만 두부나 된장 같은 것은 콩 100kg 가공하면 된장이 얼마 나오고 두부가 몇 모가 나오는지 소비자가 모르니까 사업하기도 쉽고 수익성도 높다는 것이다.

몸이 두 개라도

　위에 여러 가지 품목의 가공사업에 대해서 설명을 했지만 위 사업들은 모두 앞에서 말한 임동농협과의 공동가공사업이었다. 공동사업이기는 하지만 그 중요한 착안, 기획, 설비, 생산, 마케팅 등은 모두 주관농협인 일직농협과 공동사업소장인 공장장의 머리에서 나와야만 했다.

　앞으로 공동가공사업소의 관리에 대해서 기록하겠지만, 주관농협인 일직농협의 역할은 권한과 책임을 동시에 가지는데 그 모든 것은 조합장과 전무가 책임 있게 해야 한다. 조합장과 전무를 제외한 다른 직원들은 독립사업소인 공동사업소와는 간섭할 수 없도록 선이 그어져있었기 때문이다. 그래서 사업소의 원료구입, 생산, 마케팅 관리 등의 거의 모든 일은 실무책임자인 일직농협의 전무와 사업소의 소장인 공장장 두 명에서 다 한다고 봐야 한다.

　그렇다고 주관농협의 전무가 공장 일에만 매달릴 수는 없는 일이다. 공장의 사업성공이 곧 수익으로 나타나고 그 수익 배분액이 주관농협의 수익이기는 하지만 전체 수익의 일부분일 뿐인 것이다. 그래서 일직농협의 전무는 공동가공사업소의 일도 잘해나가야 하지만 본연의 일인 일직농협의 모든 사업과 경영을 책임져야 하기에 소홀히 할 수 없기도 했다.

하지만 무엇보다도 공동사업소도 생산농가인 조합원의 이익을 위해서 했던 것과 마찬가지로 우리 관내 농업인들을 위한 일이라면 농협의 수익을 떠나서 해야 하겠기에 모든 일에 적극성을 가지고 해야 한다는 것이 나의 농협인으로서의 신념이었기에 다른 곳에서 했던 것과 마찬가지로 모든 일에 적극적으로 임하였다.

양파 사업

　마늘, 양파는 원래 경남 창녕, 전남 무안 등지가 주산지이나 경북 일직도 1970년대부터 마늘, 양파를 재배하기 시작했는데 경남이나 전남 쪽은 안동보다 지대가 남쪽이어서 주로 조생종이 재배되었고 더 북쪽에 있는 안동은 만생종이 재배되어 안동에서 생산되는 양파가 저장용으로 더 인기가 있었다.

　수확 시기도 매년 5월 말, 6월 초에 경남, 전남 쪽 양파 수확이 끝나고 6월 15일경 되어서 안동 양파가 출하되는데 저장성이 좋다 하여 외지 상인들이 저장용으로 구입하려고 일직으로 많이 몰려들었다. 가격도 경쟁이 되다가 보니 조생종보다는 더 비싸게 거래가 되었다.

　내가 1991년 두 번째 일직농협에 가기 전까지는 일직에서 생산되는 약 50만포(20kg들이) 중에 매년 2~3만 포 정도만, 구매를 희망하는 상인들에게 알선해주는 중도매인 정도의 역할만 해왔다.

　승진한 후 몇 개 농협을 다니면서 경제사업 특히 유통사업에 눈을 뜬 내가 아닌가. 그 전까지는 관내 생산되는 양파가 얼마이든, 농협에서 얼마를 취급하든 큰 관심이 없었는데 그동안 농협이념, 농협의 역할에 대해서 재무장된 책임자로서 눈에 보이는 양파가 그냥 양파로만 보이지는 않았다.

　상인들에게 헐값에 넘어가는 것을 그냥 보고 있어서는

안 된다는 생각이 들었다. 제대로 된 유통을 알자면 시장을 알아야한다는 생각이 들었다. 그래서 서울 가락시장에 1박2일 일정의 시장조사를 자주 다녔다.

한번은 밤 11시경 가락시장을 살펴보는데 전에 한두 번 거래가 있었던 신세계 백화점 함진수 부장을 그곳에서 만났다. 그분도 시장 조사를 위해서 직원 몇 명과 들렸다는 것이다. 그 자리에서 서로의 열심과 진정성을 알게 되는 계기가 되었다. 백화점에서 고객 유인전략으로 마늘, 양파 소포장 판매를 계획한다는 얘기를 듣고 그 물량을 받아와서 2kg, 3kg 소포장 망 작업을 해서 납품하였는데 그 일을 계기로 신세계 백화점과 고추납품 등 다년간 거래를 할 수 있었다. 그러한 일련의 일들로 인하여 관심 가지고 하면 안 될 일은 없다는 자신감이 붙었다. 백화점이든 어디든 열심히 하면 안 될 수가 없다는 생각이 들었다.

출하할 양파.

밀짚모자 쓰고 들판으로

그래서 그때까지는 출하기 가격 조정 차원에서 2~3만 개 정도 취급하던 것을 이제는 농협이 주도적으로 해서 생산농가의 수취가격을 높여주자는 쪽으로 방향을 정하고 관내 생산량의 50%를 목표 삼고 사업을 진행해나갔다.

매년 6월 10일경부터 양파 수확을 시작하게 되니 제주, 전남 쪽 조생종 양파 시세가 높으면 5월 중순부터 상인들이 지방 알선소개업자들을 통하여 밭떼기 거래가 이루어지고 반대로 조생종 양파생산이 많아 가격이 싸면 수확기가 다 되어도 포전(밭떼기) 거래는 별로 이루어지지 않는다. 그래서 양파사업을 하는 농협은 5월 초부터 생산량, 시장 거래 등의 상황을 파악하고 당년도 사업에 대해서 고민하면서 수매, 판매 계획을 세워나간다.

새로 부임한 이듬해인 1992년 4월 하순부터 금년에는 생산량의 절반 정도인 20만 포는 취급하자고 계획을 세우고 이제까지 거래했던 곳 그리고 여러 곳 인맥을 통하여 저장업자나 중·도매상 또 납품처 등에 방문도 하고 전화로 연락하여 약 12만 포 정도의 공급처를 확보하였다. 그런데 예나 지금이나 농산물의 출하계약은 그 이행 정도를 보증할 수 없다.

첫째 공급해주는 쪽을 살펴보면 생산에 대한 문제이다.

지금 현재의 생육상태를 보고 예약을 하는 것이어서 기후, 작물 관리에 따라서 흉작이 되면 공급 약속 양을 다 못 채워주는 경우가 생길 수 있는 어려움이 있고 그런 현상이 전국적인 현상이 되면 당초 예상했던 가격보다 많이 비싸지게 되고 그러한 현상을 가지고 공급받는 쪽에서 보면 생각했던 가격보다 높으면 자금압박도 생기게 되고 저장했을 시 수익성의 문제도 생기게 된다. 그래서 농산물은 공산품과 달라서 생산자의 의사와는 상관없는 기후나 작황에 따라 생산량이나 가격이 결정되므로 예측 가능한 사업을 하기가 정말 어려운 것이다.

그래서 10여만 포의 공급처를 확보하였지만 불안한 가운데 사업은 시작되었다

이제 준비는 끝났고 수매해서 공급하고 일부는 저장하는 일만 남았다. 불안하지만 잘 되리라 생각하고 전 직원이 매달렸다.

그 전해까지는 농협에서 소극적으로 하였지만, 금년에는 관내 생산량의 반이되는 20만포를 해야 하니까 사전에 농가에 다니며 물량 확보하고 농사가 잘된 농가와 잘못된 농가의 작황을 조사하고 구입하는 사람들의 기호에 따라 대과, 소과를 구분하여 수확당일 각 리·동마다 그날그날 필요한 차량, 15톤 차를 배차하고 직원들은 밀짚모자를 덮어쓰고 각 리·동 작업현장에 나갔다.

많은 양이 생산되는 곳에는 대형차가 3대, 4대씩 각 리·동의 널찍한 공간에 차가 줄을 지어 대기하고 있는 모습을 보면서 한없이 기분이 좋았다. 일종의 포만감이 들었다.

많은 사람이 고맙다는 인사를 한다.

'농협 덕택에 잘 팔게 되었다. 이제 농협이 농협다운 일을 한다, 수고한다, 고맙다….'

정말 배가 불렀다. 밀짚모자를 쓰고 차 위에 올라가 상차를 돕고 숫자를 세고 있는 직원이 멋있고 자랑스럽게 보였다. 이것이 바로 농협이 할 일이고 농업인과 농협이 하나가 되는 길이라고 다시 한번 생각하게 되었다.

사업을 통하여 얻는 눈에 안 보이는 이익

이렇게 해서 그해 처음으로 본격적인 양파사업을 시작해서 계획했던 20만 포는 못했지만 17만 포 정도를 취급했다. 알선 수수료로 약 2~3천만 원의 수익을 올렸지만 그 수익보다 이 양파사업을 통하여 많은 유익을 남겼다.

첫째로 조합원의 인식 변화다. 이제까지 농협이 조합원을 위해서 특별히 한 것이 없었는데 앞에서 말한 고춧가루 공장을 통하여 생산한 고추 전량을 사주지 또 이제는 양파까지 사주니 농협에 대한 인식이 완전히 바뀌었다. 농협을 믿게 되고 농협을 의지하게 되고 모든 일이 농협 중심으로 되게 되었다. 아울러 지역 내에서의 농협의 위상도 올라가고 역할도 많아지게 되었다.

두 번째로는 양파가격을 농협이 주도하게 되었다. 이제까지는 시장의 흐름에 크게 개입할 정도가 못 되었지만 생산량의 반을 농협을 통해야만 사고파는 것이 가능해졌으니 상인들이 농협을 의식하게 되고 농협수매가격을 보고 시장가격을 정하게 되는 현상이 발생되어 시장가격을 농협이 주도하게 되었다.

세 번째로는 직원 의식의 변화다. 피동적이고 소극적인 직원 의식이 하면 된다, 이렇게 하니 되는구나 하고 적극적으로 일하게 되는 의식과 자세의 변화가 어쩌면 가장 큰 성과라고 할 수 있겠다.

이렇게 하여 매년 관내 생산량의 50%를 취급하여 조합원들의 소득 증대에 많은 기여를 하게 되었으며, 이렇게 시작한 양파사업이 나중에는 소포장사업, 깐 양파 사업, 원예 브랜드 사업으로까지 연결되게 되는 사업의 확장성을 가져오게 되었다.

한우 작목회를 구성하다

어느 비 오는 날 오후 잘 아는 조합원 두 분이 찾아왔다. 한우 사육하는 분들이다.

"전무님, 우리도 한우작목반을 만들어 한우 직판장을 열면 어떨까요. 소 키워서 출하하기도 힘들고 사료 값은 비싸고 타산도 안 맞는데 직영점을 하면 조금이라도 나을 것 같은데 우리가 할 수는 없고 농협에서 해주면 좋겠습니다"하는 것이었다. 지금도 마찬가지지만 그 당시에도 이농현상이 많아 인구는 자꾸 줄어들고 남아있는 분들은 나이가 많아져 힘든 농사일은 벅차고 무엇보다 일반 경종농업(갈이농사)은 인건비 건지기도 힘 드는 상황이라 부업으로 소를 몇 마리씩 키우고 있었다.

그러한 때에 안동에는 일찍 눈뜬 분들 20여 명이 모여 '황우촌'이라는 자생조직을 만들어 축협과 연계하여 생산, 출하, 직영판매장, 식당 등의 사업을 수년째 해오고 있었는데 워낙 조직적으로 잘 해서 황우촌 브랜드가 외지, 서울에서도 이름 있는 브랜드가 되어 서울에 몇 개의 식당과 직판장을 운영하고 백화점에 납품도 하여 상당한 이익을 보고 있었다. 그런데 거기에 가입된 한우농가는 사육 두수가 상당한 농가만 가입해 있어 10~20두 정도 사육하는 농가에서는 가입할 수가 없었다.

이런 저런 일로 속도 상하고 해서 날을 잡아 내게 온 것이었다.

농업인이 원한다면 무한 봉사해야 한다고 생각하는 내가 구미가 당기지 않을 수가 없었다. 이제까지는 소나 돼지 등 가축은 축협에서(그 당시는 농협, 축협이 통합되기 전이었다.) 취급한다고 아예 생각조차 안 하고 있었는데 규모가 작아 축협의 손길이 미치지 않는 조합원들의 애로를 해결해 주어야 되겠다는 생각이 들었다.

그때부터 또 한우에 메어 달리기 시작했다. 서후농협에 근무할 때 사료사업을 시작하면서 한우출하를 한 경험도 있기에 그렇게 어려운 일은 아니었다. 직원들과 영농회장을 통해서 관내 사육현황을 파악하고 안동한우의 특성을 공부하기 시작했다.

축협 중심의 황우촌 한우나 같은 지역에서 사육되는 우리한우나 다 같을 것인데 뭐가 달라서 안 되고 어렵단 말인가. 곧 답은 나왔다. 안동한우의 우수성을 찾았다. 그리고 현황도 파악이 되었다. 나대로 답을 내렸다.

우수한우, 우수육질의 한우는 첫째 종자(품종)가 좋아야 한다. 두 번째로는 사육 환경이 좋아야 하고 세 번째로는 체계적인 관리기술이 있어야 한다고 결론을 내렸다. 그런데 안동한우는 앞의 두 가지는 아주 좋았다. 안동지역은 한우 사육 두수가 많고 환경이 좋아서 공급되는 수정액이 마블링 지수 1등급 수정액만 공급되므로 종자는 국내에서 최고였다.

두 번째, 사육환경은 안동의 수질은 원래부터도 좋았지만 댐이 두 개나 있어 1급수 수질 지역이었고 공장도 별로 없어 환경도 아주 좋아 종자나 사육환경은 그 어느 곳보다 뛰어났다. 문제는 체계적 관리기술이었다.

대규모 농가에서는 일찍 준비해서 이미 앞선 기술을 가지고 우수 한우를 사육하고 있었지만 영세농가에서는 그 부분은 많이 부족한 현실이었다. 그러나 어쩔 수 없었다. 부족한 부분은 차츰 보완해 나가기로 하고 조직화를 서둘렀다.

영농회를 몇 개씩 묶어서 5개의 작목반을 만들어 작목반장들을 세우고 5개의 작목반을 모아서 다시 일직농협 한우 작목회를 만들고 작목회장을 뽑았다.

그리고 작목회 규약을 만들고 작목반원이 이행해야 할 기준과 작목회의 방향성에 대한 기준도 만들었다.

그 방향성은….

1. 본 작목회는 조직화하여 체계적이고 일관성 있는 사육을 통하여 균일한 육질의 한우를 생산한다.
2. 생산 출하하는 것으로 그치지 아니하고 직접 유통까지 하는 작목회로 육성한다.
3. 스스로 자립하는 작목회로 만든다.

이 세 가지 지침을 기준으로 각 지역대표성을 가진 사람들을 모으고 취지문을 만들어 작목회 가입 희망농가를 받았는데 87농가에서 함께하겠다고 하였다.

그래서 작목회 발족 준비위원회를 구성해 작목회 규약을 만들고 입회금은 1 농가당 100만원으로 정했다.

그 당시 농가에서 작목반 가입에 100만 원을 낸다는 것은 거의 불가능한 일이었다. 대개 작목반원들은 작목반에 가입해서 정부 보조나 받고 정부나 농협을 통해서 이익이나 봐야겠다는 생각이기 때문에 기껏해야 몇 만 원 정도의 가입금만을 내려고 한다. 그러나 목적과 취지를 설명하고 우리 힘, 우리 자본으로 자립작목회를 만들어보자고 하니 많은 사람이 자신과 의욕이 생겨 흔쾌히 동의하고 가입금 100만원씩을 내고 창립총회를 하므로 정식으로 일직농협 한우작목회가 출범하게 되었다.

한우 작목회 창립총회.

대단한 열기

열기가 대단했다. 이제까지는 피동적으로 행정이나 농협에서 무엇을 하자 하면 마지못해 따라 하는 정도였는데 이제 내 돈 내고 내가 중심이 되어 무엇을 해야 한다, 할 수 있다 하는 생각이 회원들 가슴에 심어지니 모두 열심이었다.

사육경력이 오래되었거나 유통에 밝은 사람들을 중심으로 각 작목반 대표나 작목회 임원으로 세워서 지속적인 발전을 위하여 여러 가지 계획을 세웠다.

1. 일차적으로 안동시내에 직판장을 연다.
2. 직판장에서 판매할 판매원은 회원 중에서 선임한다.
3. 육질 향상을 위하여 사양프로그램에 의한 월령별 사료를 투여하고 출하 2개월 전에 계류하였다가 출하한다.
4. 직판장 출하물량은 작목반별로 안분한다.
5. 농협은 행정, 관리, 장부정리, 외부홍보 등을, 작목회에서는 회원관리, 생산관리, 직판장 운영, 인력 등으로 역할을 분담하고 그때그때 발생하는 문제들을 가지고 수시로 상의하면서 일을 해 나갔다.

전에 없던, 안 하던 일을 하면서 작목회원들도 신이 났고 농협이나 면 소재지 내에도 새로운 기류가 형성됐다.

새로운 조직이 만들어지니 사람들의 왕래가 많아지고 한우작목회라는 글씨를 쓴 차량도 다니고 사람들이 모이면 한우작목회 얘기가 나오고 하니 이제 시작인데 벌써 무언가 이루어진 것처럼 신바람이 났다. 새로운 일을 하면 새 기운이 생기는구나 하는 것을 배우게 되었다.

서울 한우 브랜드전 참석사진. 앞줄 왼쪽 4번째가 필자.

한우 직판장을 내다

한우 작목회 직판 행사. 행사 첫날에는 고기를 사려는 사람들의 줄이 1백 미터도 더 되었다. 이때를 떠올리면 지금도 입가에 미소가 나온다.

작목회원들의 꿈은 직판장을 내서 중간마진을 없애 이익을 더 보자는 것이었다. 그러나 많은 양을 팔자면 안동시내에 내야 하는데 우리 구역을 벗어난 곳이기 때문에 안동농협의 동의를 받아야 했다. 내 구역에 다른 농협의 직판장을 내도록 한다는 것은 지극히 어려운 일이었지만 안동농협에서는 어려운 농민들을 생각하여 이사회를 거쳐, 그것도 안동농협 마트 가까운 곳이지만 허락을 해주어서 안동시 옥야동에 한우 직판장을 열고 직판 사업을 시작하였다.

농협은 업무처리와 판매대금 정리 등의 일을 맡았지만 사업을 성공시키자면 농협이 그것만 해서는 될 턱이 없다. 그래서 작목회와 직판장 전담직원을 배치하고 수시로 모든 상황을 확인하고 나도 직판장에 수시로 들렸다. 그리고 근처에도 가본 적이 없지만 도축장에도 가끔씩 들려 도축은 어떻게 하고 숙성은 어떻게 시키며 등급기준은 어떻게 되는지를 배우게 되었다. 기술자들이 시퍼런 칼을 들고 발골(사바끼)하는 것도 옆에서 지켜보기도 했다.

또 소 한 마리에 등심은 몇 킬로, 갈비는 몇 킬로 나온다는 것도 그때 알게 되었으며 함박살이 뭐며 육회거리는 어디 살을 쓰는지도 알게 되었다. 한우 사육자나 중도매인들은 등급결정이 어떻게 되느냐에 따라 한 마리에 몇백만 원의 차이가 난다. 그래서 그 사람들에게는 등급판정사가 하늘같이 보인다는 것도 거기서 알았다.

"면도칼로라도 잡아오게!" 한우고기 사려고 두 시간 줄을 서고

앞에서도 언급했지만, 초기 한우작목회는 신이 났다. 서울에 몇 곳 식당에 고정으로 납품하고 대구에는 직판장 분점도 내고 식당에 납품도 하였다. 이렇게 사업이 확장되는 중에 경상북도에서 대구 수성구민 운동장에서 농산물 특판행사를 하는데 우리농협 한우가 직판행사에 참여하게 되었다.

우리는 한 번도 참여해본 경험이 없어서 나흘 동안 하루에 1~2마리 정도 팔면 대 성공이라 생각하고 일자별로 맞추어 도축을 시키기로 하고 현장에서 판매하게 되었는데 첫날부터 상상도 못 한 일이 발생했다.

오전 10시경부터 판매가 시작되었는데 오후 2시경부터 우리 일직한우 판매코너 앞에 고기를 사려고 줄을 서기 시작했는데 3시, 4시가 되면서 그 줄이 100m도 넘게 섰다. 도내 각 시, 군에서 다양하게, 그 넓은 수성구민 운동장 트랙 바깥쪽으로 한 치의 틈도 없이 설치한 부스에 각종 특산물이 빼곡하게 출하되어 있는데 그 운동장 중심을 가로질러 우리 한우를 사려고 줄이 세워진 것이다. 요즘 같은 휴대용 전화기가 없어 사진을 찍어놓지 못한 것이 아쉽다. 어쨌든 가관이었다.

다른 사람들도 놀랐겠지만 우리가 더 놀랐다. 아니 대구에는 소고기 파는 곳이 없나… 똑같은 고긴데 왜 이렇게 줄을 서서 몇 시간 기다려서 사려고 하나, 하는 생각이 들었다. 어떤 분은 "오전에 고기 사서 집에서 먹어보니 너무 맛있어서 오후에 또 사러 왔다"고 얘기하는 것이었다.

아하! 그렇구나. 수입 소고기, 육우를 한우라고 속여 판다더니 그래서 대구 사람들은 옳은 한우를 못 먹어봤구나, 하고 정의를 내렸다. 그런데 문제가 생겼다. 우리는 하루에 1~2마리, 행사 기간 동안 6~7마리 정도 소비될 줄 알고 하루 두 마리 정도 도축을 시켰다. 그래서 첫날 갈 때 하루 반 분, 3마리를 가져갔는데 하루 팔 물량도 안 되어 고기가 떨어졌다. 시민들은 고기 내어놓으라고 소리소리 지른다.

어쩔 수 없었다. 원래 7시끼지 팔아야 하는데 6시에 마감하고 내일 오겠다, 하고는 손님들을 돌려보냈다. 그렇게 고객들은 돌려보냈지만 우리끼리 돌아서서 걱정을 했다.

일반 분들은 잘 모르겠지만, 도축장에 소를 넣으면 바로 잡아서 고기를 가져오는 줄 아실 수 있는데 소를 도축장에 넣으면 이튿날 소를 도축하고 하루 동안 검사도 하고 소를 숙성시켜 등급을 매기고 난 후 그 이튿날 그러니까 소를 넣고 3일째가 되어야 고기를 가져와 판매할 수가 있다.

그런 절차가 있는데 현장에 팔 고기는 없고 고객들은 내일 오기로 했고 그래서 고민을 하다가 안동 직판장을 비우고 거기에 있던 고기를 몽땅 가져와서 오전에 팔고 모레 아침 되어서야 검사받고 나올 고기를 사정을 설명해서 익일 오전에 검사받아 오후에 팔기로 하고 하루는 버티기로 하였다.

그래서 둘째 날은 그렇게 버티었는데 그다음 날이 또 문제였다. 손님은 자꾸만 불어나서 어떤 분은 뒤로 와서 다른 사람 모르게 고기 좀 달라 사정하는 사람, 아는 사람 통해서 좀 달라는 사람, 갈수록 살려는 분은 늘어났다.

다음날, 그다음 날 분을 자꾸 당겨서 가져오다가 보니 이제는 그렇게라도 가져올 고기가 없었다. 이제는 대책이 없었다. 고민, 고민하고 있는데 마침 그때 경북지역본부 김동수 경제사업 부본부장(안동 출신)께서 그 상황을 보시더니 나를 부르셔서 "어이 김 전무! 쩩찌칼(연필 깎는 칼의 안동사투리)로라도 잡아오게"하는 것이었다. 나는 어안이 벙벙했다. 아무리 그래도 불법인 밀도살을 해오라 하나, 하고 있는데 그 내용을 안 작목회원들은 그렇게 하자고 한다.

그 양반들이야 소 잡아서 팔면 돈 생겨서 좋고, 안동 한우 홍보 돼서 좋고, 많은 사람들이 와서 고기 달라 사정하니 대감된 기분 들어 좋고 하겠지만 법 테두리 안에 사는 내 마음이 쉽게 허락이 되지 않았다. 그러나 회원들은 전에 한우 파동 왔을 때도 정부에서 허락해서 동리에서 소도 잡고 돼지도 잡아 나누어 먹었으니 그렇게 생각하면 될 것 아니냐고 하며, 누구 집 소를 누구 헛간에서 하면 된단다.

마음이 약해진다. 하기야 우리 어릴 때 고기 귀할 때에는 돈 아낀다고 동리에서 소나 돼지 잡아서 나누어 먹기도 했는데, 회원들에게 당부했다. 절대 소문 안 나도록 그리고 사고 안 나도록 조심해서 해 오라고.

지금 와서 고백하지만, 그때 소 두 마리는 밀도살한 소였음을. 그러나 고기는 똑같은 소였음을.

벌써 20년 전의 얘기이지만 사업을 하다 보면 이렇게 극적이고 상상 못 할 일들도 많이 겪게 된다. 지나온 날, 일들을 돌아보면 가끔씩 입가에 미소가 흐른다.

지나온 날, 일들이 절대 헛되지 않았음을, 부끄럽지 않았음을 생각하며 스스로 위로 삼아본다.

안동 한우 아가씨와.

아! 역시 사람은 어쩔 수 없는 존재구나

이렇게 신나고 재미있는 한우 작목회였는데 시간이 흐를수록 여러 가지 문제가 생기기 시작했다.

작목회가 좀 잘되고 회원 숫자가 많아 면 소재지 내에서 영향력도 생기고 직함이 있어 농협에도 자주 나오고 하니 자리다툼이 생기게 되면서 회원 간에 틈이 생기게 되었다. 작목회장도 무슨 직함이라고 서로 하려고 투표까지 하고 직판장에 판매하는 판매원도 자기가 해보고 싶다는 것이었다.

그리고 여기저기 불만이 생기기 시작했다. 누구는 순서가 안 됐는데 소를 출하했다든지, 누구 소는 월령이 안 됐는데 잡아줬다든지 하는 등으로 작목회가 삐꺽거리기 시작했다. 농협 직영이면 농협에서 주관해서 하면 되겠지만 작목회원들이 100만 원씩 출자하고 작목회에서 직영하니 깊이 관여할 수도 없었다.

그런 와중에 서울에 있는 구례 농산물이라는 곳에 고기 납품을 하였다. 청와대에도 납품을 하고 어디에도 한다고 해서 고기를 보냈는데 조금 지나면서 대금 정산이 안 돼서 농협이 2~3천만 원의 손실을 보게 되었다.

이런저런 일로 한우 작목회 사업이 힘들어져 가는 중에 나도 1998년에 안동농협으로 이동하게 되어 좋은 결과를 보지 못하고 나왔는데 지금은 명목만 겨우 유지하는 정도로 운영이 되고 있다.

지금 와서 생각하면 한우작목회를 좀더 확장하여 일반 농산물을 포함해서 회원제 꾸러미 사업으로 했으면 더 성공할 수 있었지 않았나 하는 생각을 해본다. 그러나 수성구민 운동장에서의 그 행사, 고객들의 두세 시간 줄선 모습은 지금 생각해도 입가에 미소를 흘리게 한다. 다시 한다면 더 멋있게 성공시킬 수 있을 것 같다.

청산별미 — 백미사업

앞에서 얘기했지만, 일직은 양파를 경제작물로 재배하기 때문에 6월 초에 양파를 수확하고 바로 이모작 품종 벼를 심는 이모작 지대여서 다른 지역 일반 벼보다 벼의 생육 기간이 짧아 밥맛이 못한 지역이다. 그래서 일직의 쌀은 다른 지역보다 싸게 팔릴 수밖에 없었다. 그런데 어떤 집의 쌀은 밥맛이 아주 좋았다.

그래서 물어보았더니 일모작 "일품" 벼라는 품종이기 때문에 그렇다는 것이었다.

그때까지 일직농협 마트에서는 관내, 서안동농협에서 공급되는 양반 쌀을 팔고 있었다. 결국, 우리 조합원들이 생산하는 쌀은 헐값에 팔고 타 지역 쌀을 비싸게 사 먹고 있었다. 도정 시설이 없어서이기도 하지만. 그래서 생각을 했다.

　도정은 임가공을 하더라도 우리 조합원들이 드시는 쌀은 우리 조합원들이 생산한 쌀을 공급해서 생산자나 소비자가 다 이익이 되도록 하자. 그리하여 병해에는 약하지만, 밥맛이 좋은 일품벼를 재배케 하고 서리 오기 전에 수확하여 마트에서 판매하게 되었는데, 쌀 이름을 내가 '청산별미'라고 지었다.

　일직 소재지 동리 조그마한 산이 청산이고, 자연을 노래한 청산별곡이 많은 사람들의 귀에 익어있다고 생각해서 청산에서 생산한 특별한 쌀이라는 의미를 담아 '청산별미'라고 이름 짓고 글씨는 광연리에 사는 붓글씨를 잘 쓰는 어르신의 글을 받아 상표등록까지 하고 판매를 하였는데 반응이 좋아서 안동 시내 분이나 어떨 때는 대구에 사는 분도 밥맛 좋다고 사가는 분도 있는데 이 청산별미 백미사업은 아직도 일직에서 계속하고 있다.

세 번째 일직 농협에서

이렇게 일직농협에서 두 번째 7년간의 근무를 마치고 지금 있는 안동농협으로 1998년에 이동이 되었다가 다시 2004년 3번째 일직농협에서 근무하게 되었다.

2004년 초 남안동농협 남시윤 조합장께서 찾아오셨다.

"전무님, 지금 일직이 많이 어렵습니다. 와서 일 좀 해 주이소."

그래서 다시 세 번째 일직으로 가게 되었다.

물론 내가 이동하게 된 다른 얘기도 들은 것이 있지만 또 양 조합장님들 간에 어떤 얘기들이 오갔는지는 모르지만 나는 이제까지도 그랬지만 내가 어디 가려고 아등바등하지 않고 열리는 길 따라 간다는 신념대로, 또 나를 필요로 하는 곳이 있으면 간다는 신념대로 세 번째 일직 근무를 하게 되었다.

앞에서도 언급했지만 일직은 내 농협 생활의 꽃을 피운 곳이다. 애정이 많은 곳이다. 내가 지역과 농업, 농촌, 농업인들을 위해서 하고 싶은 일을 할 수 있는 곳이기에 가쁜한 마음으로 갔다. 그리고 또 새로운 일들을 시작했다.

깐 양파 사업

앞에서 얘기한 대로 일직은 양파 주산지여서 연간 약 4~50만 포가 생산되고 있었고 그것을 농협에서 책임 있게 팔아주어야 하기에 매년 5월만 되면 크게 고민할 수밖에 없었다. 가공시설도 없고 그 많은 양을 저장할 수도 없고, 저장시설도 없고 이렇게 매년 생산자와 저장상인들과 싸움, 싸움해가면서 근근이 한 해 한 해 보내고 있는데 2004년도에 다시 갔더니 유통을 담당하는 조○○ 과장이 깐 양파 사업을 해보잔다.

조○○ 과장은 유통에 아주 밝은 실력 있는 사람이었다. 이미 전국 깐 양파 시장을 다니며 조사하여 많은 자료를 가지고 있었다. 보고받은 자료로야 땅 짚고 헤엄치기이지만 어디 그렇게 했다가 손해 본 것이 한두 번인가. 그래서 직원들과 대구로, 서울로 공판장으로 현장을 다녀보고 납품처에도 들르고 해서 어느 정도 가능성이 있어 깐 양파 사업을 시작하였다.

이것도 하루에 1~1.5톤 정도만 고정으로 출하되면 이익이 발생되는 사업이었는데 시작하고 수개월이 지나고부터는 하루에 3~4톤씩 출하하게 되니 굉장히 성공한 사업이 되었지만 모든 사업은 곧 쉬운 것은 하나도 없다.

가장 힘 드는 부분이 청결 부분이다. 그 당시 학교 급식 식중독

사고가 유난히 많이 나서 납품 받는 쪽의 검사가 엄격했고 그 기준에 맞추기가 너무 어려웠다.

컨테이너에 비닐 자루를 넣고 거기에 공기세척 한 양파를 담았는데도 이상하게 머리카락이 나온다든지, 나방 뒷다리가 나온다든지 해서 전체가 반품이 되거나, 한두 박스에서 하자 난 부분을 전체에 적용해서 감량을 잡는다든지 해서 엄청 어려움을 겪었다.

또 어려운 부분은 인력 부분이다. 탈피기계야 견적 받고 성능을 알아보고 발주해서 설치하면 되지만 아직까지 기술로는 기계로 100% 완벽하게 깔 수가 없다. 그래서 기계가 8~90% 까주면 사람이 에어 건(air guns)으로 나머지 작업을 해주어야 한다.

종일 기계 옆에 앉아서 흙먼지 마시며 탈피하고 무거운 20kg 상자를 옮기고 하는 것이 보통 힘든 일이 아니어서 작업팀을 짜기가 힘들었다.

또 운임을 줄이기 위해 운전기사를 용역으로 했는데 납품처에는 새벽에 도착해야 하니까 매일 저녁에 장거리 운전을 할 수밖에 없는데 사고가 가장 큰 걱정이었다. 가끔씩 사고가 나서 애를 태운 것도 한두 번이 아니었다.

또 가격문제가 큰 어려움이기도 했다. 만두회사, 학교 급식용, 김치회사 등에 고정 납품을 했는데 시장가격이 폭등할 때 손해를 보면서도 납품을 해야 할 때도 있고 또 반대로 수확기 때 매입해놓은 양파가 시장가격이 올라서 피양파로 팔면 훨씬 수익이 높지만 계속 거래를 위하여 어쩔 수 없이 고정가격으로 납품할 수밖에 없을 때도 있다.

사람에게 속는 경우도 허다하다. 한번은 양파가격이 폭등할 때인데 전혀 모르는 사람이 홍삼을 싸 들고 와서 한번 살려 달라고, 가격도 비싸고 물건도 못 구하니 물건 좀 달라고 해서 시중보다 싼 가격으로 납품하였는데, 그런 어려운 시기가 지나니 거래를 딱 끊고 냉정하게 돌아서는 것을 보고 다시 한번 사람에 대해서 회의를 느끼기도 하였다.

이런 어려운 일들이 허다하였지만 그러나 깐 양파사업을 시작하고 난 후부터는 양파 철이 되어도 양파 처리 때문에 큰 걱정은 안 해도 되게 되었고 이런저런 환경적인 요소들이 있어도 깐 양파를 통해서 수익도 창출되게 되어 이 또한 농협이 사업을 해야 하는 이유 중에 하나이기도 하다.

제주도 양파를 밭떼기로 사다

2008년도의 일이다. 깐 양파를 하다가 보니 양파의 흐름을 많이 알게 되었다. 월간 양파시세 변동, 산지별 출하시기와 가격, 양파 상인들의 움직임 등 유통만 할 때는 출하시기와 출하선별 가격을 알아서 유리한 곳에 출하하면 됐지만 가공까지 하니 더 많은 것을 살펴야 했다.

납품처에 납품가격은 이미 정해졌는데 갑작스런 이상기후나 병충해 등으로 산지가격이 폭등하면 고스란히 손해를 보고 납품해야 할 처지가 된다. 그리고 내륙지방에서는 양파를 저장해도 이듬해 3월 말까지가 최대 저장기일이어서 그 이후에는 제주나 남해 쪽 조생종 양파를 구입해서 사용해야 하는데 그때가 되면 원료 양파 구하는 것도 보통 신경 쓰이는 일이 아니다.

한번은 깐 양파를 담당하는 직원의 외삼촌이 제주에서 농사를 지으며 사는데 제주 양파 농가들은 거의 출하기 몇 달 앞두고 외지 상인들에게 밭떼기로 팔고 그것을 산 상인들은 많은 이익을 남긴다는 것이었다. 안 그래도 매년 4~5월 깐 양파 원료 구입하는데 애도 먹고 외지 것을 사서 하니 수익성도 안 좋아 걱정하고 있던 차에 괜찮은 아이디어라 생각하고 미생물로 농사를 짓는 독농가와 담당직원을 보내 현지작황과 거래 상태를 확인하고 제주도 양파 2,000평 정도를 이사회 승인을 얻어 포전 매입했다.

보통 포전매입은 농사 다 지은 상태에 작물을 보고 수확하기 1개월 전쯤에 사고파는데 제주도는 다른 곳과 달리 파종하고 1~2개월 지난, 수확하기 3개월 전쯤에 포전 매매가 이루어지는 특이한 형태로 이루어지고 있었다.

매입 후 직원의 인척에게 포전 관리를 부탁하고 2주에 한 번 정도 직원이, 때로는 독농가와 같이 현지에 가서 확인하고 비료와 약을 치고 오곤 하였는데, 이제 3월 말경 수확해야 하는데 맡은 직원이 2월 말경에 현지 출장을 다녀와서 얼굴이 하얗게 돼서 출장보고를 하는 게 아닌가?

지난번 다녀온 후 2주 만에 병이 발생해서 양파가 형편없이 되어서 예상수확량의 반도 안 되겠다는 것이었다. 큰일 났다 싶었다. 올해 성공해서 앞으로 계속해서 제주 양파를 쓰면 되겠다, 기발한 아이디어다, 성공해서 히트를 쳐보자 하고 생각했는데 이 꿈이 물거품이 되게 생기다니.

이사회는 첫 시험사업이니 손해 볼 생각하고 해보겠다고 승인받았으니 큰 걱정은 안 됐지만. 나의 사업성과 자존심의 문제였다. 그렇게 철저히 하라 했는데, 어떻게 했기에… 그리고 정기적으로 현지 출장도 갔는데도 왜 제대로 못 했느냐고 야단을 치고는 어떻게 하든지 병을 방제하고 최선을 다해 손해가 없도록 하라고 다시 쫓아 보냈다.

뒤에 미생물 사업에 대해서 기술하겠지만 우리가 만든 미생물을 가지고 다시 가서 미생물을 투여하고 관리해서 계획량의 70% 정도를 수확했는데 그 밭떼기로 약 2천여 만원의 손해를 보았다.

비록 손해는 봤지만 좋은 아이템이니 내년에 다시 해야 되겠다 생각했는데 한번 혼이 난 직원이 한사코 못 하겠다 해서 손해만 보고 한 해 사업으로 포전 매입사업은 끝을 내게 되었다. 그러나 사업에 적극적인 나는 지금도 퍽 아쉽게 생각한다.

외지, 제주도에 가서 양파 밭떼기를 산다? 아무도 시도하지 못할 기상천외한 사업, 얼마든지 성공하고 얼마든지 지속적인 사업으로 성공할 수 있는 좋은 착안이고 사업인데, 실패를 경험 삼으면 얼마든지 성공할 수 있는 좋은 아이템인데. 실패를 두려워하지 마라, 새 시도했다가 실패했다면 상 주어야 한다는 석학 '톰 피터스'의 말이 생각난다. 내가 직원을 너무 야단친 건가?

고추 종합처리장 — 세절고추

이 또한 조○○ 과장의 아이디어다.

2004년도에 다시 일직농협에 갔더니 이미 2003년부터 진행되고 있던 사업이었다.

정부에서도 이제 농촌이 고령화되고 인력도 부족하여 일손이 많이 가는 농사가 앞으로 문제가 된다는 생각으로 그 전해 전국 몇 곳 산지 농협과 농림축산부 관계자가 유럽 쪽에 견학을 다녀왔는데 그때 조 과장이 외국에서 하는 채소 건조라인을 보고 그것을 고추에 접목하면 좋겠다는 착안을 하고 농림축산부에 건의하여 메뉴를 만들고 그 사업을 실행할 산지 조직 응모에 응모하여둔 상태였다.

내용은 농가에서 고추를 수확하여 건조 출하하던 것을 갓 수확한 고추 상태에서 농협에서 현장에서 검수 수송하여 세척하고 홍고추를 길이로 몇 등분 세절하여 대형 건조기로 4시간 만에 건조, 출하하거나 분쇄하므로 농가의 일손을 덜어주고 품질을 높이겠다는 것이었다.

내용은 좋았다. 그렇게만 된다면 농가일손을 덜어주는 것은 확실하고 품질도 높아지는 것은 확실한데 문제는 이제까지 관습에 젖어있는 농가가 응해줄 것인가와 소비자들이 이 색다르게 한 제품을 사줄 것인가 하는 불확실성 앞에서 고민을 하게 되었다.

여기서 고추의 특성을 한번 살펴볼 필요가 있다.

내가 교회 다니기 때문에 나도 모르게 신앙적 측면으로 생각된 것일 수도 있는데 세상에 여러 가지의 식물들이 있는데 각개의 식물마다 각각의 특성이 있다. 그런데 이 고추는 우리가 알다시피 고추의 겉면은 코팅해 놓은 것처럼 반짝 반짝거린다. 실제로 자연 코팅이 되어서 홍고추를 물에 넣어놓으면 고추 안으로는 물이 들어가지 않는다.

바꾸어서 말하면 조물주가 고추를 만들 때 매운맛이 나는 향신료로 만들면서 고추를 말릴 때 속에 있는(고추는 고추 속에 씨가 달린 흰 씨방이 있는데 이를 '태자'라 하고 이 태자에서 매운맛이 난다) 매운맛이 밖으로 못 나오도록 고추 겉면을 코팅해 놓았기 때문에 매운맛이 보존되도록 자르지 말고 말리는 것이 창조적 원리에 맞는 건데 이를 건조시간을 줄이려고 몇 등분으로 잘라서 말리는 것이 맞을까? 하는 의구심이 들었다. 그러나 그렇다고 명백하게 기록된 곳은 없고 결정해야 할 시간은 다가오고 이미 농림부에 응모는 되어 있고 어쩔 수 없이 할 수밖에 없었다.

견학온 분들께
세절고추라인
설명

할 수 있다는 자신감으로

　이렇게 고추 종합 처리장이, 사업자는 지자체인 안동시청이 사업시행조직은 일직농협으로 결정되어 안동고추 종합처리장이 문을 열게 되었다.
　전국에서 가장 많은 고추를 생산 유통하는 안동, 경북 북부지방이었지만 이농현상은 어쩔 수가 없었다.
　앞에서도 언급했지만 고추는 참 손이 많이 가는 농사여서 다른 어느 작물보다 힘이 많이 드는 농사다. 무엇보다 힘 드는 것은 수확, 건조, 출하하는 작업이다. 고추를 하나하나 손으로 따서 포대에 담아 무거운 것을 수송하고 건조하고 선별하여 출하하는 것이, 이제 나이 많은 분들이 감당하기에는 너무 힘 드는 작업이어서 해마다 고추 재배 면적이 줄어드는 현실이다.
　그래서 농림부와 농협에서는 농가에서 힘을 덜 들이고 고추 농사를 지을 수 있도록 고추처리장을 구상하게 된 것이었다. 이제까지는 농가에서 앞에서 설명한 작업을 다 했지만 이제 농가에서는 고추를 수확하여 마을 어귀에 내어놓기만 하면 농협에서 매일 매일 순회하며 현장에서 검사, 검수 인수, 수송하여 세척하고 절단하고 건조, 선별하여 출하, 혹은 분쇄 가공하기 때문에 농가로 봐서는 엄청나게 쉽게 농사지을 수 있고 가격도 공정하고 투명하게 정산되므로 아주 획기적인 신사업이라

할 수 있다.

조금은 성공에 대한 두려움도 있었지만, 생산자나 소비자가 어떻게 받아들일지 불확실한 길이기는 하지만 장래적으로 가야 할 길이기에 차근차근 준비해나갔다.

고추 종합 처리장은 한 농협이 아닌 지역의 고추를 처리해야 하기에 규모가 컸다. 3,000평의 부지에 약 60억 원의 자금으로 세척, 세절, 건조, 분쇄, 저장시설 등을 HACCP 규격에 맞게 설치했는데 세절 건조기는 특수 기술이라 23억을 주고 독일 '빈드'사에서 구입 설치를 하였고 건조기 연료는 유류가격이 비싸서 가스를 사용하도록 해서 가스 저장소를 따로 설치하였다. 또한 건조기 가동 중에 가스가 떨어지면 안 되기 때문에 탱크로리차 10배 정도 되는 큰 대용량 가스 저장실을 따로 설치하였다.

대형 개스 버너.

천지개벽 — 가스 폭발사고

　2006년 7월, 이제 모든 설비가 끝났다. 그동안 고추투입, 세척, 절단, 건조, 가스설비 등의 시험가동도 수차례에 걸쳐 해보아서 아무 이상이 없었다. 드디어 이제 농가 고추를 수집하여 정상적으로 첫 생산, 가동하는 날이다. 나는 몇 차례 시험가동도 지켜보았고 아무 이상이 없다 하여 오후 4시경 다른 업무관계로 본점에 가 있는데 급하게 전화가 걸려왔다.

　"전무님! 가스가 폭발했어요. 직원 두 명이 화상 입고 119차로 병원으로 실려 갔어요, 대구로 후송 가야 된데요"하는 것이 아닌가. 눈앞이 아찔했다. 그러면서 오래전에 있었던 이리역 가스 폭발사고가 내 머리를 스쳐 지나갔다.

　이 무슨 말인가. 조금 전에 내가 현장에서 보고 왔는데, 시험가동 때도 아무 이상 없었는데. 가스 폭발했다? 거대한 탱크가 폭발해 탱크가 하늘높이 날아 올라가고 공장동과 사무실은 폭발해, TV에서 봤던 아수라장이 된 현장 모습이 내 눈앞에 어른거렸다.

　폭발현장에 있어 병원에 실려 간 직원이 혹시 참변을 당한 건 아닐까? 순간에 수많은 생각들이 스쳐 지나간다. 그러나 머뭇거릴 시간이 없었다. 급히 현장으로 달려갔다.

　가서 보니 현장은 생각보다 조용했다. 건물도 그대로였다. 우선은 안심이 되었다.

가서 확인해보니 전체가 폭발한 것이 아니고 기화실에서 일어난 폭발사고였다.

내용을 설명하면 이렇다.

화재 위험 때문에 가스 저장소와 공장동은 약 30m 정도 떨어져 있는데 가스저장탱크의 액체가스가 관을 통해 기화실로 이송되면 기화실에서 녹여서 기화상태로 버너로 이송되고 버너에서 점화하여 건조기로 가게 되어 있는데 너무 많은 양의 액체가스가 기화기로 배출됨에 따라 배합 비율이 맞지 않아 기화기가 작동이 되지 않는 노킹(knocking) 현상이 발생했는데 그때 막힘 현상이 조금 지나면서 기화기에 흐르는 전기열에 의해서 일부 기화한 가스가 폭발한 것이었다.

그때 가스 기사는 액체가스의 공급에 문제 있나 하고 가스저장탱크를 살피러 가고 없었고 기화실 앞에 있는 가로 1.2m 세로 2.3m 정도 되는 출입문 양쪽에 우리 직원 두 명과 시청 유통담당 공무원, 이렇게 세 명이 궁금해서 문에 붙어 서서 안쪽을 보고 있는데 갑자기 펑 하고 가스가 폭발했다.

문 좌우에 우리 직원 두 명이 앞쪽에 서고 직원 등 뒤에 시청 담당 계장이 서 있었는데 세 명 다 폭발과 함께 4~5m 날려가서 땅에 고꾸라졌다. 그 중에도 앞에 있던 직원 두 명은 심한 화상을 입어 병원으로 응급 후송되고 한 사람 뒤에 있던 시청직원은 앞 사람 덕분에 심한 화상은 입지 않았으며, 또 우리 직원 두 명 다 검정색 바지를 입고 있었는데 한사람은 가격이 싼 폴리에스터 계통의 바지를 입고 있었는데 그 직원은 가스 폭발 열에 의해 바지가 피부에 녹아 붙어서 나중에 치료하는데 큰 애를 먹었고 면바지를 입었던 직원은 그러한 현상은 없었다.

나중에 다친 직원들의 얘기를 들어보면 가스가 폭발할 때의 현상이, 집에서 가스레인지를 켤 때에 퍽하고 불이 붙듯이 그냥 퍽 소리와 함께 눈앞에 번개 치듯이 불이 번쩍하는 것을 느꼈는데 정신을 차리고 보니 몇 미터 날려가 땅에 쓰러져 있더라는 것이었다.

어쨌든 천만다행이었다. 나는 정말 3,000평 규모의 공장 전체가 다 날아가고 많은 사람이 다친 줄 알았다. 현장 상황을 어느 정도 파악하고 급히 병원으로 갔다

유통을 담당하는 조 과장과 분쇄라인 책임자인 황 과장 얼굴은 붕대로 감겨 있었다. 가족들과 직원들은 걱정스러운 얼굴로 웅성거리고 있었다. 세상에 이 무슨 일이란 말인가. 농협 직원으로 들어와 오직 농업인과 농촌, 지역을 위하여 온몸 바쳐 일했는데 이런 결과를 가져오다니 내가 너무 욕심을 부렸나. 너무 무리하게 추진했나, 하는 자괴감이 들었다. 다친 직원도 직원이지만 직원들 가족 보기가 미안했다.

폭발을 일으킨 기화실.

역시 우리는 타고난 농협인

　직원과 가족에게 위로의 말을 전하고 의사로부터 화상의 정도와 치료과정에 대하여 설명을 들었다. 화상은 진행 과정을 보아야 한단다. 안동에서 며칠 치료해보고 조금 더 심해지면 대구나 서울로 가야 한다며 며칠 상태를 보자는 의사의 얘기다.

　결국 두 과장은 대구로 서울로 후송되어 거의 6개월간을 치료하였다. 아직도 화상자국을 몸에 남긴 채 지금도 꿋꿋이 농협인의 길을 가고 있다. 여느 사람들 같으면 사무실 일을 하다가 사고를 당했으니 치료 외에 다른 것을 보상해 달라고도 할 수 있을 일인데 안동에서나, 대구, 서울 병원에서나 오히려 사무실에 누를 끼쳤다고 미안해 하는 그들을 보면서 역시 우리는 돈이 아닌 농협 운동정신으로 일하는 농협인 다운 농협인이라는 생각이 들었다. 이 자리를 빌어 다시 한번 두 분께 고맙다는 인사를 드린다.

죽어도 같이 죽어야의 동지 이헌호.

혼자 보낼 수 없다, 죽어도 같이 죽어야

첫해 시작부터 예기치 않은 사고가 나서 초기에 어수선하였지만 어디 농협 일은 잠시라도 쉴 수 없는 일 아닌가.

주역들 두 명이 빠졌지만 남은 직원들과 함께 문제 있는 부분들을 보완해서 그해 홍고추 수매 가공사업은 계획만큼은 안 됐지만 첫해 사업으로는 어느 정도 성과를 내었다. 그리고 1년 가까이 기계를 세워 두었다가 이듬해 다시 홍고추 수매 가공을 하는데 작년 같은 현상이 또다시 발생했다. 작년 사고 때 다 보완을 하였는데 올해 다시 첫 가동하는 날 작년하고 똑같은 노킹현상이 발생했다.

또다시 폭발이 일어나지는 않을까 겁이 났다. 가스 기사이며 건조기계 관리자인 이헌호 주임이 작년에 사고 났던 경험이 있기에 막대기를 가지고 기화실에서 30여m 떨어진 곳 땅바닥에 선을 긋고는 "작년같이 폭발사고가 날 수도 있으니 올해는 이 이상 올라오지 마세요. 제가 혼자 조치하겠습니다"하고 모든 걱정하는 사람들에게 선언을 하고는 혼자, 죽을 수도 있는 길을 혼자 꾸역꾸역 걸어 올라가는 것이었다.

모두 다 숨을 죽이고 불안한 얼굴로 보고 있었다. 나는 생각했다. 죽을 수도 있는 길을 혼자가게 할 수 없다, 내가 같이 가야 한다, 죽어도 같이 죽고 살아도 같이 살아야 한다. 헌호 혼자 가게 할 수 없다, 생각하고는 헌호 뒤를 따라 올라갔다.

어쩌면 마지막일 수도 있는 길이라 생각하니 가슴이 쿵덕쿵덕 뛰었다. 조심스럽게 따라 올라가 조치하는 것을 지켜보았다.

지난해 조치했던 경험이 있었기에 전원부터 끄고 침착하게 순서대로 조치하여 아무 일 없이 정상 가동을 시켰다. 등에 식은땀이 흘러내렸다. 그 생각을 하면, 지금 이 글을 쓰면서도 눈시울이 붉어진다.

얼마 지나 전체 직원회의 때 이 이야기를 했다. 우리는 생사고락을 같이하는 동지들이라고. 함께했던 직원들도 울었다. 이 일이 직원들의 마음을 하나로 묶어 더 열심히 일하게 하는 계기가 되었다.

우리는 농협인이다. 마음으로, 높은 뜻으로, 가치로, 감동을 먹고 나누며 살아가는 가치를 이루며 살아가는 농협인이다.

폭발을 일으킨 기화실.

듣도 보도 못한 완전계약제를 하다

2004년도에 세 번째 일직농협에 와서 양파 사업을 하면서 여러 어려운 상황을 겪었다. 가장 어려운 것이 가격 문제였다.

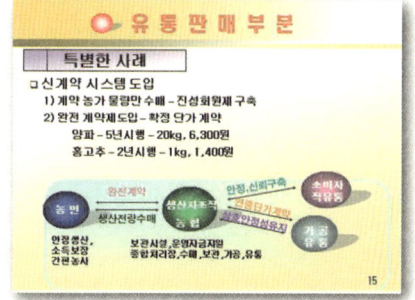
완전 계약에 대한 교육자료.

이제는 양파사업을 농협이 주도해서 하다가 보니 상인들도 농협 눈치를 보고 농협이 가격을 결정하면 농협 가격보다 몇백 원 더 주고 구매해서 농협이 욕을 먹게 되는 경우도 있고, 또 생산자인 조합원들이 농협이 가격 결정할 때 높게 결정하게 하려고 가공 가격을 소문내기도 하고, 뜨내기 상인들이 와서 농협 골탕 먹이려고 소량을 높은 가격으로 사 가기도 한다.

또 시장가격은 생산량, 소비량, 수입물량 따라서 유동적이기 때문에 2, 3일 사이에 가격이 크게 오르내릴 수도 있어서 농협과 출하계약을 했더라도 상인이 비싸게 준다하면 계약 무시하고 상인에게 팔아버리는 현상이 비일비재하여 지속적인 사업하기가 상당히 어려운 현상이 수없이 발생한다.

이러한 현상을 보면서 이걸 깨뜨릴 좋은 방법이 없을까 생각하다가 완전계약제를 생각하게 되었다. 보통 출하계약은 수확하기 직전이나 수확한 후 물건의 상태를 보고 물량과 가격을 정하고 계약을 하는데 완전 계약제는 파종기에 어떤 품종을 어떻게 생산하면 얼마를 주고받겠다는 변동이 없는 계약이다. 다시 말하면 출하기에 시장가격이 얼마가 되든 파종기 때에 계약한 가격대로 사고 파는 불변의 계약이다. 어떻게 보면 모험이고 위험천만의 계약이다. 특히 변동성이 심한 농산물에 있어서는. 그러나 따지고 보면 이것보다 더 안전하고 완전한 계약은 없다.

모든 물건은 생산자, 거래인, 소비자(가공업자)로 연결되어 있다. 생산자는 생산원가에 적정 이윤만 보장되면 마음 놓고 생산할 수 있고 소비자(가공업자)는 예측 가능한 가격으로 원료를 구입해서 가공품을 만들어 소비자에게 공급하면 자연 이익이 발생하게 되어 있어 더할 나위 없이 좋은 것이다. 이 징검다리 역할을 하는 중간 거래인(농협)도 생산자와 소비자가 좋아하면 안심하고 사업할 수 있어 농산물 유통에 있어 골머리 썩일 일이 없어진다. 실제로 생산자나 원료를 구매하는 가공업자들의 얘기를 들어보면 위와 같이만 된다면 정말 좋겠다고 얘기들 한다.

그래서 한 번도 들어본 적도 없고 본 적도 없는 완전계약제(이것도 내가 이름을 이렇게 붙였다)를 시작했다.

일직농협에서 양파를 매년 20만 포(20kg들이)를 수매하는데 첫 해라서 시험적으로 3만 포만 완전계약을 해보기로 하였다. 그 당시 매년 양파시세 동향을 보면 한 포당 5,500원에서 6,000원 정도에 거래가 되었고 농가에서도 한 포당 6,000원 정도 가면 만족한다고들 얘기했기에 완전계약 단가는 농사도 매뉴얼에 따라

지어야 하고 선별도 잘해주는 조건으로 6,300원으로 정하고 농가의 의중을 듣고 신청을 받아보았더니 너도나도 완전계약을 하겠다고 해서 영농회별로 배정해서 듣도 보도 못한 완전계약, 확정단가, 불변수매인 완전계약사업을 하게 되었다.

첫 시작을 잘 해야 한다

이렇게 2005년 초에 양파 완전계약을 3만 포로 처음 시작을 했는데 이 완전계약 단가 6,300원이 전국 양파가격의 기준점이 되었다. 어떻게 보면 대단한 일이고 어떻게 보면 몰매 맞을 위험하기 짝이 없는 일이었다.

현장에서 검수, 수송된 홍고추.

어떻게 전국 양파 생산량의 1% 정도 되는 작은 면 지역 농협에서 파종할 때에, 수확해서 1망에 6,300원 하겠노라고 선언하고 사업을 할 수 있느냐, 당돌하기 짝이 없는 일이었지만 그해 전국 양파 시세는 6,000원에서 6,500원 선에서 거래가 되었고 일직 관내 농업인들도 농협의 시세가 대체로 괜찮았으며 내년에도 6,300원에 하면 더 많은 양을 계약하겠노라고 많은 사람이 얘기들을 하였다. 참고로 그해 일직농협의 수매는 두 가지 형태로 가격은 3가지로 수매하였다.

완전계약은 계약대로 6,300원, 완전계약 외 일반계약은 품위 따라서 상등급은 6,200원, 중등급은 6,000원으로 수매하여서 완전계약과 일반계약을 차별화했다. 그중에 어떤 이들은 완전계약이라 선별을 더 잘하는 사람들도 있었지만 대개는 이미 가격이 결정된 것이고 농협에서 수매하니 대충해도 된다 하고 작업을 제대로 안 한 농가가 더 많았다. 그리고 어떤 농가는 완전계약을 했더라도 상인이 와서 더 비싼 가격을 주면 상인에게 팔아버리는 농가도 있었다.

그해 완전계약 이행률은 약 87% 정도 되었다.

첫해 사업으로는 그런대로 만족할만한 수준이었는데 한 가지 실수한 것은 계약에는 불이행 시 과태료를 징구(徵求)하게 되어 있었지만 농가의 어려움을 생각해서 면제해주었는데 이것이 잘못 관행이 되어서 시장가격이 비쌀 때는 이행률이 저조하게 되는 현상이 일어나서 그다음부터는 과태료를 징수하고 3년 동안 완전계약에서 제외하도록 기준을 정하였다.

무슨 일이든지 처음 할 때 기준을 정하고 기준대로 이행해야 사업의 질서가 잡혀 생산자 상호 간의 불평도 없어지고 사업의 성공도도 높아짐을 배우게 되었다.

홍고추도 완전계약으로
― 그러나 돈 앞에서는

이렇게 2005년에 처음 양파를 완전계약으로 시작했는데 양파는 총 수매량의 15% 정도만 완전계약으로 했지만 앞에서 설명한 고추종합처리장 홍고추 수매는 100% 전 물량을 완전계약으로 했다. 이 또한 사전에 전국공판장 거래시세, 그리고 내가 세운 북안동농협 홍고추 경매시세를 참고하여 홍고추 1kg당 1,300원에 완전계약을 했다.

지역은 일직면을 포함한 안동 관내 12개 면과 봉화군 고추 생산자 협의회가 결성된 9개 면과 계약재배를 했는데 7월 수확기에 가서 문제가 생겼다.

그해 기후 탓으로 흉작이 되어 홍고추 시세가 1,700~2,000원 선에 시장에서 거래가 되면서 계약농가가 농협에 납품을 기피하고 시장에 출하하는 현상이 생기면서 완전계약을 했지만, 가격을 올려주지 않으면 출하를 하지 않겠다는 것이었다. 난감했다. 위기였다.

생물 가공은 수확기에 원료를 확보하지 못하면 1년 사업을 접어야 하는 상황이다. 우리가 농가와 계약했듯이 세절고추, 세절 고춧가루를 납품할 곳도 사전에 섭외하여 납품 계약한 곳도 있는데 원료 확보가 안 되면 생산해서 납품할 곳에 위약이 되고 그것이 당년에 그치지 아니하고 내년, 그 이후까지 그 업체와는 거래가 불가능해지게 된다. 가공사업을 해보신 분들은 알겠지만 우량 납품처 발굴하는 것이 얼마나 힘이 드는데 이것을 어찌해야 한단 말인가. 그러나 여기서 계약 조건을 바꾸면 앞으로 계속해서 이런 현상에 부딪히게 되고 그렇게 되면 사업의 성공은 어려워진다는 생각이 들었다.

당초 계약 내용대로 하기로 생각을 정리하고 농가에는 금년에 계약 이행을 하지 않는 사람들은 다음 연도에 계약배제 하겠다는 것과 금년 사업 후 수익이 발생 시 적정금액을 출하량에 비례해서 환원해주겠다는 내용을 넣어서 계약 조건 변경은 없다고 통보했다. 이렇게 정한 원칙대로 사업을 진행했는데, 역시 돈 앞에는 약해질 수밖에 없는 것이 인간이구나 하는 것을 느끼게 하는 홍고추 첫해 완전계약 사업이었다. 그렇게 불이익 조항을 넣어서 통보했건만 이행률은 30%가 채 되지 않았다.

정할 때 신중히 정하고
정한 것은 확실하게 지켜야

조합원 교육 자료.

첫해 경험 없이 시작한 사업이고 완전계약, 그리고 예기치 않았던 가스사고 등으로 목표대비 많이 부진한 결과를 낳았지만 처음 출시된 세절고추에 대한 소비처의 반응은 괜찮은 편이었다. 어쩌면 판로도 완벽히 준비되지 않은 상태에서 생산만 많이 됐다면 이월재고가 생기고 어려웠을 수도 있었는데 첫해에 적정한 양으로 시장반응도 보고 재고 없이 다 처분할 수 있도록 출하량이 감소한 것이 사업력을 높이는 데 도움이 됐을 수도 있었다. 이렇게 시작한 종합고추 처리장사업 그리고 완전계약제는 그 뒤로도 단점을 보완해서 지금도 계속 시행하고 있다.

완전계약제에 대한 소견

완전계약제를 착안, 시행하면서 이런 생각을 했다. 그리고 그 뒤 전국 100여 곳을 강의 다니면서 내 생각을 얘기하기도 했다.

지금 전국농협에서 많은 양의 산지 농산물을 취급하고 있는데 -아마 산지 농협 대부분이 관내에서 생산되는 주산물 거의 전량을 수매하고 있을 것으로 생각한다.- 이런 상황에서 전국농협 전체가 완전계약제를 한다면 매년 겪는 농산물 가격파동은 없을 것이 아닌가. 생산조절도 될 것이고, 생산자는 생산자대로 적정가격을 보장받을 수 있고, 판로 걱정을 안 해서 좋고 농협은 농협대로 예측 가능한 사업을 할 수 있어 판매사업 적자로 홍역을 앓지 않아도 되고 정부는 정부대로 과잉생산, 물량부족으로 머리 썩히지 않아도 되어 좋을 것이고.

나는 지금도 이 완전계약제, 농협이나 농민이 욕심만 안 내면 얼마든지 가능하고 이것이 정착되면 시장가격을 주도하게 되어 시장가격이 안정적으로 유지될 것이라 생각한다. 그런데 모두 겁이 나서 실패할까 두려워서 시작을 못 하고 있는 것이 문제다.

고기도 먹어본 사람이 고기 맛을 알듯이 사업도 사업을 해본 사람이 사업의 맛과 방법을 아는 것이다.

무말랭이 사업

고추종합처리장을 통한 홍고추 수매 가공사업은 이제 정착이 되어 간다. 문제는 가동 기간이 짧아 고가의 설비의 효율성이 떨어지고, 효율성이 떨어지므로 유지 관리비 감가상각비등 고정비가 전부 고추에만 적용되므로 세절고추 원가가 높아 가격 경쟁력이 떨어져 소비자나 대량수요처에서 사용하기 꺼리는 것이 문제다.

고추는 7월 초순부터 9월 말까지가 수확기이므로 고가의 설비가 3개월 남짓 가동하면 나머지 9개월을 세워놓아야 한다. 그래서 세워놓는 9개월, 이 틈새에 기계를 유용하게 활용할 수 없을까, 하고 많은 생각을 했다. 경북 북부지방에서 많이 생산되는 한약재를 건조해볼까, 북안동농협의 산약을 임가공해볼까, 해서 관련되는 업체나 농협 직원들을 초청해서 의견을 나누기도 했는데 그런 고민 중에 무를 건조해서 무말랭이를 만들면 어떻겠느냐 하는 데에 이르게 되었다.

고추를 세절하는 절단기도 있고 최첨단 건조기도 있으니까 가장 적합한 품목이라는 결론에 이르렀다. 이제 무말랭이를 하기로 결론을 내리고 기존 무말랭이 생산업체와 소비시장, 대량소비처 등을 견학했다. 기존 업체들은 거의가 소규모였고 청결도도 떨어졌다. 더욱더 자신이 생겼다. 몇 가지 시설을 보완했다. 무 세척 라인을 놓고 절단하는 설비도 보완하고 고추와는 다른 무 건조에 따른 건조라인의 조정도 했다. 그리고 옛날 궁중 진상품으로 쓰였다는 안동시 남후면 접실 무와, 청정지역 봉화 무를 원료로 확보하여 무말랭이를 만들었는데 제품의 품질이 색택도 좋고 청결도도 좋은 것이 이제까지 보지 못하던 최상급의 무말랭이였다. 이 무말랭이가 우리나라 최우수 김치 브랜드인 종갓집 무말랭이 원료로 아직도 전량 납품되고 있다. 다른 것은 몰라도 종갓집 무말랭이 김치는 원료만은 확실하다는 보증을 하고 싶다.

이렇게 무말랭이 사업을 하므로 해서 가동 일수가 늘어나 배분가공경비가 분산되어 모든 제품의 원가도 낮아지고 무말랭이 자체에서도 수익이 발생하고 계약재배를 하므로 농가수익도 향상되고 지역 유휴인력을 활용하므로 일자리도 창출하는 여러 가지 유익한 일이 되었다. 역시 사업은 사업을 낳게 되어 있다.

미생물 사업

미생물 홍보자료.

　2006년, 학위는 없지만 농사에는 탁월한 실력을 가진 독농가(농사기술이 뛰어난 전문 농업인) 한 분이 미생물 박사라며 학자풍으로 생긴 분을 데리고 왔다. 그러면서 이분이 제공하는 미생물을 자기 하우스에서 3년을 시험 사용해 보았는데 효과가 탁월하여 다른 일반 시판에서 파는 미생물 제품과는 확연히 다르다고 했다. 그리고 같이 온 분은 미국에서 생물학 학위를 받았으며 미생물분야의 세계적 권위자인 어번대학 클로퍼 박사와 같이 일한 사람으로서 이번에 클로퍼 박사로부터 우리나라에서 자기 미생물 균주를 사용할 수 있는 권한을 위임받았으니 일직농협에서 이 사업을 해보지 않겠느냐 하는 의견을 제시해 왔다.

　미생물의 문외한인 내겐 알아듣지 못할 얘기였다. 사업을 한다는 것은 쉬운 일이 아니니 다음에 보자고 하고 보냈다. 얼마 있다가 두 분이 다시 왔다. 슬라이드 자료를 가지고.

　이렇게 시작되어 또다시 나의 사업성이 자극되어 미생물 사업을 하게 되었다. 그분이 준 자료를 검토하고 부족하지만, 미생물에 대한 공부도 하고 이미 미생물 사업을 하고 있던 경남 함안농협도 방문하고 그분이 만든 미생물을 관내 농가에 시험 살포도 하고 여러 부분으로 검증을 했다.

　좋은 균주를 보유한 이분은 나중에 고위 공직인 농촌진흥청 농업생명공학 연구원의 원장이 되었는데, 특히 이분이 보유한 균주는 단순한 영양제 성분의 미생물의 범위를 벗어나 각종 병해, 고추 탄저병, 오이 노균병, 흰빛 잎마름병, 수박 만활병 등 여러 병해를 방지할 수 있는 특수 균주를 가지고 있으며 또한 하우스 농사에 절대 피해를 주는 토양 선충을 80% 정도 막을 수 있는, 아주 뛰어난 미생물이었다. 그래도 알 수 없어 당시 조합장님께 시험해보라고 드렸는데 그분이 직접 관주도하고 살포해본 후 눈에 보일 정도로 탁월하다면서 속히 미생물 사업을 하자고 하셨다.

또 참외 주산지인 안동시 풍천면 참외 주생산지의 한 농가에 시험을 시키고 직접 현장을 가보았는데 다른 집 참외는 줄기와 잎이 병으로 말라 농사를 접어야 할 정도인데 이 미생물을 사용한 농가는 생육상태도 양호하고 참외의 경도나 맛이 아주 뛰어난 것을 직접 확인을 했다. 그래서 도청의 비료 생산 판매 허가도 받고, 생산시설도 갖추어 미생물 사업을 하게 되었다.

특별히 기억에 남는 것은 관내에 전문으로 난을 재배하는 분들이 큰 하우스 수개 동에서 공동으로 난을 재배하고 있었는데 한 촉에 2천, 3천만 원 하는 고가의 난이기에 그때까지는 일본에서 고가의 영양제를 구입해서 사용했는데 우리 농협에서 생산한 '신비헌'이라는 미생물을 사용해보고는 일본 수입제품보다 효과도 월등하고 가격도 싸고 안전성도 뛰어나다면서 전국 난 농가에 공급할 수 있는 판권을 달라 해서 판권을 주기도 하였다.

또한 그 당시 OM(익명)이라는 제품이 시장에 출시된 지 얼마 안 된 시점인데 경북 농업기술원의 작물 담당인 이○○ 님께서 미생물에 관심을 가지고 우리 신비헌과 OM, 두 제품을 몇 달 동안 경북 관내 여러 곳에서 시험해보고 난 후 우리 신비헌이 훨씬 좋다는 평가를 받기까지 하였다. 그러나 그렇게 좋은 제품이었지만 역시 지방 적은 농협에서 제조업을 성공하기는 힘들구나 하는 것을 깨달았다.

처음 원가분석했을 때 대박나는 사업이었다. 제품이 우수하니까 많은 농업인들이 찾을 것이고 그러면 대리점을 이용하지 않더라도 매출이 충분할 것이라 생각했다. 그래서 가격도 시중 제품과 같은 1리터에 1만5천원으로 정해서 하우스 단지나 작목회 그리고 지역 농협에 홍보 및 판촉을 나가서 제품을 알리며 대리점을 두지 않는, 농협 직판으로 방향을 잡았다.

아지매 떡도 싸야 먹는다 ― 시장 진입에 실패

그러나 시장의 생리나 소비자들의 생각을 오판했다. 그분들의 생각은 달랐다. 아무리 제품이 탁월해도, 나중에 황금과실이 열린다 할지라도 모험을 하려하지 않는다는 것, 그리고 아무리 좋아도 가격이 비싸면 안 쓴다는 것을 뼈저리게 느꼈다. 너무 쉽게 생각한 것이다.

초기에 제품을 생산해서 안동 관내와 김해 하우스 단지, 경기도 여주 그리고 경북 선산 도계 하우스 단지 등에 홍보용 시제품을 나누어주고 판촉 현지 출장도 다니고 했는데 김해 파프리카

농장이나 경기 여주, 경북 선산 도계 농가에서의 반응은 매우 좋았다. 그러나 막상 시제품이 아닌 본 제품을 공급하니 생각만큼 매출이 오르지 않았다. 그 이유는 아무리 제품이 좋아도 시장을 경악시킬만한 그 무엇이 있어야 했다.

예를 들면 죽은 식물을 생생하게 살아나게 한다든지, 뿌리에 주렁주렁 달린 뿌리 혹 선충을 미생물로 죽이는 것을 화면으로 보여준다든지 하는 신비한 것이 있지 않으면 고객들이 혹하여 달려들기가 어렵고 또 가격 면에서 기존 제품보다 월등히 싸든지 하는 둘 중에 한 가지라도 있어야 했다. 그러나 미생물은 약이 아니고 근권(根圈) 미생물로서 작물을 튼튼하게 하여 병해를 방지하는 제품이기 때문에 그런 것은 불가능하다. 이런 것이 불가능하면 기존 시장 방법대로 수수료를 주고 대리점을 활용하여 외연을 넓혀 나가야 했는데 제품의 우수성만 믿고 직판 형식으로 방향을 잡은 것이 잘못이었다.

그런 중에도 선산 도계 쪽에는 굉장히 인기였다. 도계는 토질이 좋아서 하우스 농사짓기는 아주 좋은 환경인데 오래 하다가 보니 여러 병들이 많았다. 우리 농협에 이사로 있는 권○○ 이사는 박사라 해도 될 수 있을 정도로 작물에 대한 관찰력과 처방이 뛰어났다. 그래서 외지에서 많은 사람이 하우스 농장 견학을 오고 했는데 이 권○○ 이사가 미생물을 가지고 경북 구미 도계지역에 가서 하우스 작물을 보고 처방을 하면 시들시들하던 작물이, 병이 만연하던 작물이 2, 3일 안에 생기를 찾고 정상으로 생육하게 된다.

나도 몇 번 도계를 같이 가보았지만 정말 감복할 정도다. 이

권○○ 이사가 도계지역에 한 번씩 들리면 병원에 의사가 특진할 때 레지던트, 인턴들이 줄을 지어 따라다니듯이 그 지역 하우스 농민들이 정말 줄줄 따라다니며 배우고 우리 하우스도 한번 봐 달라고 사정하곤 했다.

이렇게 제품에 대한 인기가 있었는데 그 도계에서 대리점을 하겠다는 사람이 찾아와서 수수료를 35%(1리터당 5,000원)를 달란다. 깜짝 놀랄 일 아닌가. 우리 쪽에서 다 남아도 5,000원 안 남는데. 순원가는 얼마 안 되지만 균주 제공자 로열티 주고 시설 임차료 주고 판촉, 홍보비 주고 거기에 대리점 수수료 5,000원 주면 우리는 남을 것이 없었다. 그래 다른 제품, 시판 일반 대리점의 형태가 어떤지 알아보니 농약이나 자재나 보편적으로 그 정도 된다는 답을 듣고 입이 딱 벌어졌다.

이렇게 농민들이 바가지를 쓰는구나. 순원가에 비용, 조금의 마진만 붙인다면 5, 6천원만 해도 되는데 이렇게 더덕더덕 붙는 게 많구나 하는 것을 그 사업을 해보면서 알게 되었다. 그래서 대리점 희망자와 수수료 문제를 조율하다가 합의가 안 되어서 일직농협에서 순수 직판만 하기로 결정하고 사업을 진행하다가 나는 2010년 초에 타 농협으로 이동했는데 내가 나온 이후 일직농협에서는 미생물 사업을 접었다.

참 안타까운 일이었다. 힘들어도 내가 있었으면 계속하는 건데, 하고 아쉬운 마음이 많이 들었다.

전무님 사례 강의 좀 해주시지요

2006년 8월 한통의 전화가 걸려왔다. 전혀 모르는 분에게서.

"김 전무님이시지요. ○○○에 근무하는 이○○ 부장입니다. 이번에 농림부에서 시행하는 농산물 자조금 및 양념채소, 화훼의 산지 조직화를 위한 통합브랜드 실천교육에 강의를 좀 해주시지요."

나는 무슨 소린가 싶었다. 아니 강의라니. 나는 배움도 부족하고 강의라고는 해본 적이 없는데.

"아니 무슨 소리세요. 나는 강의는 해본 적이 없는데요. 그런데 어떻게 알고 전화하셨어요. 전화 잘못하신 건 아닌가요?"

"아닙니다. 우리도 자료가 있고 농협중앙회로부터도 추천을 받았습니다. 어렵게 생각 안하셔도 됩니다. 그냥 농협에서 했던 사업 내용을 발표해주시면 됩니다."

언뜻 생각해 보았다. 우리 조합원들한테 교육하듯이 하면 안될 것은 없을 것 같고 특별히 한 것은 없지만 열심히 해왔는데 평가받아보는 것도 괜찮을 것 같다는 생각이 들었다. 그래서 승낙을 하고 자료를 준비하여 2006년 9월 7, 8일 용인에 있는 중소기업 인력개발원에서 강의를 하게 되었다. 이제까지 어떻게 하면 지역을 농민을 농촌을 더 잘살게 할 것인가만 생각하며 엎드려 일만 하다가 강의자리에 서게 되니 흥분도 되고 잘해낼까 겁도 났다.

가서 인사를 나누어보니 농림부 차관을 거쳐 지금은 한국 농수산식품 유통공사 사장이신 여인홍 사장께서 그 당시 채소 특작 과장으로 참석하셨고 농림부 사무관, 대학교수 관련 연구기관 연구원 등 약 25명 정도 계셨다. 순서에 따라 준비해간 자료를 중심으로 우리 농협에서 한 일을 있는 대로 했다. 몇 가지 질문에 답도 하고….

별로 떨리지도 않았다. 회합을 마치고 티타임 때, 인사치레였는지 모르지만 몇 분이서 질문도 하고 관심도 보여주셨다. 나는 그것으로 끝난 줄 알았는데 그것이 시발이 되어 전국, 특히 전북지역을 중심으로 수년 동안 100여 회 강의를 하게 되었다.

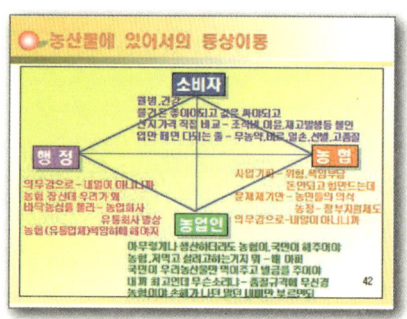

조합원 교육 자료.

생각지도 않던 고정 강사가 되다

고창 농업인들에게 강의

용인 인력개발원에서의 강의가 있은 후 경북 칠곡, 충주 등지에서 강의를 했는데 한번은 전북 관내 농협 조합장님들 약 30명이 일직농협에 견학을 오셨다. 하기야 견학 올만도 했다. 가공사업을 연간 250억 정도 일반 유통 약 200억 총 450억 정도의 유통가공사업을 하고 있으니 다른 농협에서는 무슨 비결이 있나 궁금하기도 했을 것이다. 오신 조합장님들께 우리 농협의 사례와 농협이 사업을 해야 하며 사업을 하면 어떤 유익한 점이 있고 어떤 문제가 있으며 사업을 성공적으로 하자면 농업인 조합원들이 버려야 할 것은 어떤 것인지를 내가 평소에 느낀 대로 설명을 했다.

그때 성함은 기억나지 않지만, 전북 장계농협 조합장님이 감명 깊게 들으셨는지, 어느 날 익산에 있는 전북 농업 인력개발원의 조현이라는 직원이 전화를 해서 전북농업인력 개발원에 출강을 해달라는 것이었다.

나는 그쪽에는 아는 사람도 없고 한 번도 가본 적도 없는데 어떻게 알고 연락했느냐고 물었더니 장계농협 조합장님께서 유익한 강의가 될 터이니 초청해보라는 추천을 받았다는 것이었다. 그러면서 인력개발원은 연중 계속해서 과정별로 교육이 있는데 산지 조직화에 대해서 1년 동안 맡아달라는 것이었다.

나는 난감했다. 직장에 매인 몸이고 사무실에도 계속해서 살펴보고 진행해야 할 일이 있는데 비록 1주일에 두 시간이기는 하지만, 그것도 안동과 익산 오고, 가는 시간만 5시간 정도 소요되어 하루는 사무실을 완전히 비워야 하는데 도저히 그렇게 해서는 안 될 것 같아 사정을 얘기하고 어렵다고 했더니 그러면 1년이 어려우면 3개월이라도 해 달라고 한다. 그것마저 안 된다고 하기가 어려워 승낙을 하고 익산에 있는 전북인력개발원에 몇 달 동안 고정강의를 다녔다.

공무원들도 교육생으로 오고 농협중앙회 간부도 오고 농업인, 법인 등 여러 교육생 앞에서 강의했다. 정말 꿈같은 일이었다. 내가 농협에 입사하지 않았으면, 내가 유통가공사업에 몰입하지 않았으면 어찌 이런 일이 생길 수 있었을까 생각하며 내가 믿는 하나님께 절로 감사가 되었다.

자주 다니다가 보니 어떤 때는 고속도로 휴게소에서 나를 알아보고 "전무님 오늘도 강의 가세요? 지난번 강의 참 잘 들었습니다."하고 인사하는 분을 만나기도 했다. 이렇게 강의 다니다가 보니 소문이 나서 전북 여러 곳 고창이나 고산, 부안, 임실 같은 곳에서도 여러 번 강의했고 고창기술센터에서는 교육생들을 데리고 일직까지 견학도 몇 번 오고 했다.

서울대학생에게도 강의 좀 해주세요

하루는, 용인 첫 강의 때 주최 측 일원으로 참석해서 알게 되어 전북 채석강 리조트로 강의 초청을 해준 농업회사 오르빌 임희택 선생에게서 전화가 왔다.

"전무님 이번에 서울농생대생들이 농업현장을 투어하는데 전무님께서 학생들에게 좋은 말씀 좀 해주세요"하고 전화를 했다.

아니 서울대학교 구경도 안 해봤는데 내가 무슨 강의를 해요, 했더니 전무님은 잘 몰라서 그러시는데 일직농협의 사업은 대단한 것이라고 하며 전국 몇 곳 특별한 곳이 있는데 농협 중에서는 일직농협이 유통 가공사업 분야에서 월등히 성공한 사례이며 자기가 농림부에 사례를 추천까지 했다는 것이었다. 나는 그렇게까지 하는데 거절할 수가 없었다.

그래서 정한 날 서울 농생명 과학대생과 수원 농업계통 고등학생 일부 해서 약 25명 정도의 학생들에게 '고추종합 처리장'을 견학시키고 사업사례와 내가 생각하는 농업의 발전방향에 대해서 설명을 했다. 얼마 후 견학기를 기록 정리한 〈녀름나래〉라는 소책자를 보내왔는데 거기에 내가 썼던 '아버지'라는 시까지 실려 있었다.

우리나라 최고대학 서울대학생 앞에서 강의한다는 것 내게는 참 기분 좋은 일이었다. 내가 협동조합 이념으로 무장하고 유통가공 한 분야에 몰입한 결과가 이렇게 나타난 것이 아닌가 생각한다.

원예 브랜드 사업

이것도 2006년의 일이다.

농림식품부에서 전국 어디서나 얼굴 있는 농산물이 유통될 수 있도록 하기 위하여 농산물의 생산 유통을 시스템에 의한 관리로 우수농산물을 생산 유통하게 하는 사업으로서 지역의 산지조직을 선정, 지원하여 우수 브랜드 경영체를 만들어 생산자에게도 이익이 되고 소비자에게도 안전한 우수농산물을 공급하겠다는 정부의 계획에 의해 '원예브랜드'사업을 추진하였는데, 전국 산지 생산, 유통 조직에서 이 사업 시행자로 선정되기 위하여 피나는 노력을 기울이고 있었다. 그래서 일직농협에서도 이런 좋은 기회를 놓칠 수가 없어서 농식품부 공모에 응모하게 되었다. 우리는 이미 많은, 그리고 다양한 품목의 사업을 하고 있었기에 더더욱 필요했다.

처음 문서를 접하고 참여할 것인가에 대하여 검토와 고민을 했다. 직원들은 당연히 싫어했다. 그냥 쉽게 가면, 지금 하고 있는 것만 해도 힘들어 죽겠는데, 다른 곳에서 안 하는 것 별난 것 하는 것만도 힘들어 죽겠는데 뭘 또 시작해서 애먹이려고 전무님이 저러시나 거의가 반대한다.

사무실 2층에 소회의실이 있는데 나는 가끔 생각이 필요하거나 중요한 검토나 전략세울 일이 있으면 보따리 싸서 2층으로 올라가는데 내가 거기에 올라가면 직원들은 "전무님 또 연구실에 가셨다, 또 뭐 할 준비해야 한다"하고 자기들끼리 얘기하곤 했단다.

직원들은 일하는 것이 싫어서 기피를 하지만 농협의 생사가 걸린 문제를 그것으로 결정할 수는 없는 것, 지역이나 농업인들을 위하는 것이라면 힘들어도 당연히 해야 되는 것, 나는 심사숙고 끝에 이 사업을 해야겠다고 결심을 했다.

그 몇 달 전에 인력이 부족하여 청송농협의 우수인재를 한 명 데려왔는데 그 직원에게 이 일을 전담시키고 조합장님과 임원들에게 설명하고 승인을 받았다. 하기야 농업인들에게 도움이 된다는데 반대할 사람이 누가 있겠는가.

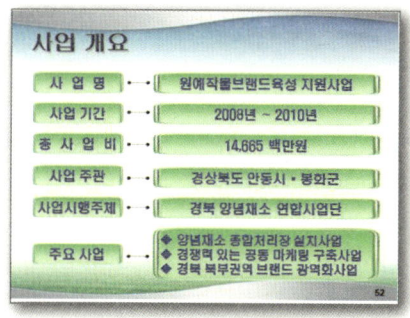

원예 브랜드 사업개요.

목마른 사람이 샘을 파야

　원래 이 사업은 행정에서 주관하게 되어 있었다. 그런데 우리는 열을 내서 추진하는데 안동시 담당과에서는 별 움직임이 없었다.

　정보에 의하면 다른 지자체에서는 지자체가 앞장서서 사업을 따오려고 몸부림을 친다는데 우리는 지자체는 가만히 있고 우리가 몸이 달아 움직이고 있었다.

　하루는 화가 나서 시청 담당과를 찾아갔다. 잘 아는 분이 과장을 맡고 있었다. 소리를 쳤다.

　"아니 행정에서 이럴 수가 있느냐, 행정에서 앞서서 농업인의 소득증대를 위하여 이런 일을 추진해야 할 터인데 어찌 우리가 하려고 하는데도 한마디 말도 없이 남의 일처럼 뒷짐 지고 있느냐"하고 소란을 피웠더니 "전무님 왜 이러십니까"하며 급하게 담당계장을 불러서 야단을 치면서 속히 추진하라고 지시를 했다.

　이렇게 하여 우리 농협과 안동시가 같이 '양념채소류 원예 브랜드 사업 계획'을 만들어 2006년 7월부터 안동시 사업으로 신청을 하였는데 그 심사가 까다로웠다. 우선 경상북도 대상자로 선정되어야 하기 때문에 경북도청에서의 사업계획 발표를 통해 타 시, 군과의 경쟁에서 이겨 안동이 선정되어 농림부에 신청되었는데 농림부에서는 전국 각도 신청 분 중에 두 곳만 선정하기 때문에 심사관들이 안동 현지까지 와서 심사하고 다시 본 심사를 수원 진흥청 회의실에서 하였는데 안동시 현지 그리고 도청 또 농림부 본 심사에서 내가 계속 계획서 발표를 했다. 하기야 내가 착안하고 구상하고 계획을 세웠으니 내가 할 수밖에.

열심히 한다고 했지만 2006년 심사에서는 낙방했다. 그래서 낙심하여 다음해 사업신청을 포기할까 하다가 점수도 더 많이 받을 수 있고 지역 간 원원도 가능하여 봉화군과 연합하여 2007년에 재도전을 하였다.

새로 보완한 계획으로 작년처럼 지자체, 도청, 농림부 본 심사에 또 다시 발표자로 나서 진정성 있게 설득하여 무난히 2008년 사업자로 선정되었다. 사실 원예 브랜드 사업은 기 사업을 진행해서 성과를 나타내고 있는 안동이 안한다면 다른 곳은 할 곳이 없다 해도 과언이 아니라고 할 수 있다 그만큼 일직농협은 농산물 가공 유통은 확실하게 성공적인사업을, 그것도 연간 500억 가까운 사업을 하고 있었으니까.

안동.봉화 조합 공동사업 법인.

연합은 역시 어려워

이제 2년의 각고의 노력 끝에 200억 짜리 사업을 따왔다. 모두 흥분했다. 안동과 봉화에 플랜카드라도 걸어야 한다고 야단법석을 떨었다. 그러나 그것도 잠시 이제 본격적인 실제 사업의 그림을 그려 나가야 하는데 처음부터 문제에 부딪쳤다. 안동은 아예 처음부터 일직농협이 주도하고 지자체의 협조를 받아 사업을 진행해왔기

브랜드 육성사례 강의자료.

때문에 사업주체에 대한 문제도 없었고 또 사업을 해봤기 때문에 사업에 대한 두려움이 없었지만 봉화는 지자체가 지역민들을 위한 사업을 한다고 욕심을 내서 참여했기 때문에 이제 봉화군은 실제 사업을 맡아서 할 생산자 조직을 구해야 하는데 봉화 고추 생산자 협의회나 관내 6개 농협이 모두 사업에 대한 두려움 때문에 못 하겠다고 하니 난감한 일이었다.

농림부는 선정을 해줬으니 빨리 사업주체를 정하고 로드맵을 제출하라 하는데 일직이야 되어 있지만 봉화는 시행할 주체가 없으니 어찌해야 한단 말인가.

봉화군청에서 관내 농협을 설득하고 참여를 권유하는 중에

나도 봉화를 몇 번이나 들락거렸다. 브랜드 사업에 대한 교육도 하고 일직농협 유통 가공사업에 대한 성과도 설명했다. 그래도 반응은 시원치 않았다. 가장 어려운 것이 지배구조 문제와 창업초기의 손실 발생에 대한 분담 문제였다.

 일직에서는 주 사업장이 일직에 두게 되고 경영관리의 주체도 일직이고 사업경험도 일직만 있으니 책임 있게 신속한 의사결정과 사업추진을 위하여 일직이 과점주주가 되어야 한다는 주장을 했다. 그러나 그것이 봉화에서 탐탁지 않게 여겨 봉화에서 모든 것을 책임 있게 하려면 봉화가 과점주주가 되어도 좋다는 단서까지 붙여서 의견을 제시했는데 봉화는 봉화가 주체가 될 수는 없으니 주체는 일직이 하되 지분은 5:5로 하고 대신 3년까지 발생되는 손실은 일직에서 부담해야 한다는 조건을 제시했다. 어불성설이다. 신속한 사업추진을 위해서는 과점주주가 되어야 하는데 그것이 안 되서 5:5로 한다면 발생되는 손실도 당연히 지분별로 안분 부담하는 것이 맞는 것 아닌가? 그래서 합의가 되지 않았다.

 이렇게 시간을 보내다가 도저히 사업이 어려울 것 같아 일직에서는 사업을 포기하고 반납을 해야겠다고 행정관서에 얘기를 했더니 펄쩍 뛰었다. 어렵게 따온 국비 보조 사업인데 반납하면 다른 보조사업 받는데 부정적 영향을 미쳐 절대로 안 된다는 것이었다. 이제 급하게 된 것은 각 지자체였다.

 양 지자체와 도청에서까지 동분서주하여 2008년 1월에 시작해야 할 법인 설립과 사업진행이 2009년 10월이 되어서야 공장착공을 할 수 있었다. 지분은 5:5로 하고 손익 배분도 5:5로 하는 것으로.

안동은 양파 주산지인 관계로 양파처리장을 통한 양파사업을, 봉화는 고추 주산지인 관계로 고추처리장을 하기로 하였다. 역시 연합 사업은 어려웠다. 동업은 부자간에도 못한다는, 옛말 그른 것 하나 없다는 교훈을 얻었다.

첫 구상대로 하지 않아 어려움을 겪는 조공법인

지금도 그곳에서 근무하고 있지만 전담으로 맡긴 직원과 함께 사업 그림을 그릴 때는 법인사업은 기존 일직농협 계약수매 형식과는 다른 방법으로 처음 수년간은 이원화로하고 법인 방식이 정착되면 일직농협의 모든 물량을 법인이 맡아서 하도록 하는 걸로 계획을 세웠다.

그런데 앞에서 설명한 대로 사업추진이 늦어져 2008년에 착공 2009년에 완공해야 할 사업이 2009년에 착공돼서 2010년 초가 돼서야 완공되었고, 나는 겨우 일부 기계 시운전해보고 지금의 농협으로 이동되었다.

이동되었지만 그곳 일직은 내게 특별한 곳일뿐더러 나의 사업의 꽃을 피운 곳이라 늘 관심이 많아서 수시로 소식을 듣는데 첫 사업연도인 2010년의 양파 사업은 당초 계획대로 되지 않았다. 나는 법인은 말 그대로 얼굴 있는 브랜드 상품으로 만들어야 하니까 농협 수매가격보다 포 당 300원 정도 높게 수매하고 대신 선별은 더 철저히 하도록 계획을 세웠는데, 내가 나온 뒤 농협에서 모든 물량을 법인으로 하여금 수매하도록 하고 가격도 동일가격으로 하여 기존 계약, 수매 방법과 바뀐 것이 하나 없는, 차별화를 시킬 방법이 없게 되어 특별한 마케팅을 할 수 없게 되었다.

농협에서는 힘들고 골치 아픈 양파사업을 법인에 떠넘기기에 급급했다. 이런 마음으로 하는 사업이 성공할 리 없다. 해가 갈수록 조공법인이 어렵다는 얘기를 들으면서 좋은 구상으로 유치한 사람으로서 안타까운 마음에 속이 쓰려 온다.

개인들은 자기 돈 들여 사업장 짓고도 이윤을 남기는데 어찌하여 농협은 보조받아서 하는데도 안 된단 말인가?

정신의 문제, 진취성의 문제가 아닌가 하는 생각을 금할 길 없다. 떠난 지도 오래됐고, 나이도 들만큼 들었지만 아직도 꿈틀거린다. 내 농협 생활 거의 반을 보낸, 나의 땀방울이 녹아있는, 그러나 아직 미완성 상태에 있는 사업들을 일으켜 세우고 싶은 열망이.

조공법인 양파 처리장.

산지 조직화

나는 산지 조직화라는 말은 많이 들어봤지만 구체적으로 어떤 것이며 그것이 왜 필요하고 어떻게 해야 하는지 잘 몰랐고 알려고도 안 했다. 이제까지 농민들의 농법도 옛날부터 내려오던 방식에 농업지도 기관에서 하는 교육받고 또 자기대로 공부해서 터득한 노하우로 농사를 지었고 농협은 그렇게 지은 농산물을 팔아주는 것이 농협의 임무라 생각하여 수매해서 팔아주면 다 되는 줄 생각했다. 그러나 사업이 본격적으로 진행되고 또 가공사업을 하면서 산지 조직화가 얼마나 중요한 것인지를 알게 되었다.

그리고 고추 종합 처리장을 하면서 산지 조직화를 어떻게 해야 하는지를 실습을 통해 완전히 터득했다.

이제까지는 이론적으로만 들어서 감이 안 잡혔지만 유능한 직원 한 사람이 지자체 1개 군의 전체 농민들을 통제 지휘해서 일을 이루어 나가는 것을 보며 독한 친구다. 내보다 유능한 직원이다. 저렇게 하는 것이 조직화구나 하고 고개를 끄떡였다.

아직도 대개의 농협이 그렇게 하고 있을 줄 안다. 모든 일을 농협이 직접 조합원들과 상대하고 직접 수매, 검사, 인수해야 하는 줄 알고 그렇게 하고 있을 줄 안다.

나도 양파 20만 포, 고추 400만 근을 수매할 때까지도 직원이 직접 조합원들로부터 수매 신청 받고 검사하고 계근(계량)하고 수매하고 했으니까.

그런데 2007년 고추 종합 처리장 사업을 하면서 우리 일직 관내 고추만 가지고는 부족하니까 안동 관내 타 면이나 봉화, 청송, 예천 등 타군의 고추도 수매해야만 했다.

여러 곳의 홍고추를 현장에서 검사 계근 수매를 관행대로 하자면 많은 인력이 필요했지만 이 친구는 혼자서 여러 곳의 수매를 완벽하게 말없이 수행했다. 각 지역마다 협의회를 조직하고 우리 농협의 생산에서부터 수매까지의 매뉴얼을 교육하고 산지 협의회의 대표에게 권한을 주고 그 대표가 생산과정 시비, 관수부터 수확 선별 검수까지 책임과 권한을 주어서 관리하니, 직원에 의하지 않고 산지 조직 자체에서 통제 관리하여 원하는 바를 이루어내는, 말 그대로 선과 선이 연결되는 산지 조직화가 제대로 작동되었다.

산지 조직화의 달인 조현동 과장.

산지 조직화의 Ａ Ｂ Ｃ

말은 쉽게 했지만 그 과정이 쉽지만은 않다. 그러나 산지 조직화는 꼭 해야 한다. 그래야 사업, 특히 가공사업은 산지조직화가 돼야 성공할 수 있다. 왜냐하면 가공사업의 성공조건이 여러 가지 있지만 그중의 중요한 한 가지가 뒤에 기술하겠지만, 수율인데 산지조직화가 되어야 가공수율이 상승될 수 있다.

그래서 산지 조직화의 기본 몇 가지를 정리해보려 한다.

첫째: 산지 조직화는 어떤 사업을 처음 시작할 때부터 바로 시행해야 한다. 특히 사업을 처음 시작하는 곳에서는 처음부터 시작해야 한다.

조합원들이 생산한 농산물을 관행적으로 수매하던 곳에서 산지 조직을 하고 이제까지와는 다른 방식으로 검사하고 수매하려면 거의 불가능에 가까울 정도로 힘이 든다.

많은 저항이 일어나기 때문이다. 일례로 일직 관내는 10여 년 전부터 관행방식으로 농협에서 수매하다 보니 농사도 대충 짓고 선별도 대충해도 농협에서 좋은 조건으로 다 받아준다는 의식이 농민들에게 심어져 있었는데 고추종합 처리장을 완공하고 홍고추 수매를 할 때 매뉴얼에 의한 새로운 방식으로 시도를 하니 그 새로운 방식에 대한 거부감 때문에 홍고추 수매 자체가 제대로 되지 않았다. 농협에 대한 불평만 생기고 일은 일대로 되지를 안았다.

　반면 봉화군 관내는 이제까지 농협에서 고추수매를 거의 안하던 곳이어서 농협에서 전량을 수매해주는데 매뉴얼에 의해서 한다고 했을 때 거의 모든 농가에서 응해주어서 사실 초기 홍고추 사업은 봉화군이 아니었으면 실패한 사업이 될 수도 있었다. 그래서 산지조직화는 처음 하는 곳, 새로운 사업을 처음 시작할 때부터 해야 제대로 된 조직화를 이룰 수 있다.

　두 번째로는 누구나 공감할 수 있는 매뉴얼을 만들어야 한다.

　양파 같은 경우 수확 전 15일 이후에는 비료나 물을 주어서는 안 된다는 것을 매뉴얼에 담으려면 저장력이 떨어져 장래적으로 생산자에게 손해가 된다는 것을 알게 해야 한다. 홍고추도 왜 고추 꼭지를 나무에 달아놓고 순 고추만 따야 하는지, 그렇게 했을 때 감량은 어떻게 되는지 등을 상세하게 알리고 설득해야 한다.

　세 번째로는 관행적으로 하던 것보다 다르게 하려면 힘이 드는데 그것을 상쇄할 수 있는 그 무엇, 유익한 것을 주어야 한다. 그렇지 않으면 따라오지 않는다. 예를 들어 가격을 더 준다든지, 기계화로 힘을 덜어준다든지, 하는 것이다.

　네 번째로는 어떤 어려운 상황이 될지라도 정한 원칙은 고수해야 한다. 조직 체계는 한번 원칙을 허물어뜨리면 걷잡을 수 없이 허물어진다. 비록 손해가 나더라도 원칙은 고수해야 하며, 그래야 질서가 잡히고 기강이 선다. 무슨 일이든지 꼭 한,두 번은 그런 고비가 오게 되어 있다. 그때는 목숨 걸고 원칙을 지켜야 한다.

한번은 담당 직원이 봉화군 관내 검수 현장에 갔는데 나이 많으신 분이 가지고 온 고추가 매뉴얼에 의한 선별이 되지 않아서 현지 책임진 지도자에게 이렇게 해서는 안 된다고 얘기했더니 그 조직 지도자가 연세 많으신 어른이 따오셨지만 수십 박스를 바닥에 부으면서 다시 작업을 시켰다.

그 얘기를 듣고 내가 그 직원에게 물었다. 그 상황에서 마음이 어쨌느냐고. 그 직원은 "가슴이 아프지요. 어르신께 미안하기도 하고, 그래도 어쩝니까, 고개 돌려 먼 하늘을 쳐다봤습니다." 이렇게 아프고 쓰라린 가슴은 다 같지만 그렇게 모질게 해서 봉화군은 산지 조직화가 제대로 작동되는 지역이 되었다. 질서, 체계를 세울 때는 때로는 냉혹해야 한다.

다섯 번째는 산지 조직의 지도자를 잘 세워야 한다. 이것이 가장 중요하다.

산지 조직의 지도자가 조직의 목적을 이해하고 어떻게 하는 것이 가장 정직한 것이며 어떻게 해야 농업인이 지속적으로 잘살게 되는지 아는 사람을 세우면 그 조직의 산지 조직화는 제대로 가동될 수 있다.

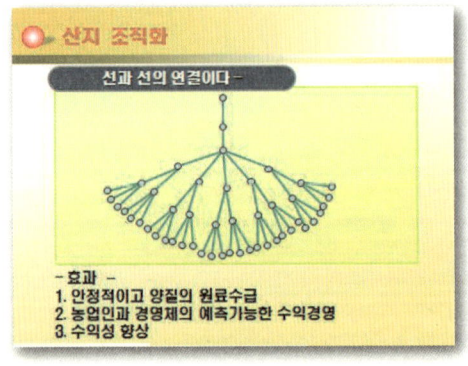

산지 조직화의 계요도.

산지 조직화와 품질의 균일

　지금 우리나라는 너무 외형에 치우쳐 있다. 농산물도 외형만 좋으면 내용이 어떻든 최우선적으로 소비자의 선택을 받는다. 그러나 사실 가장 중요한 것은 외형보다는 내용이다. 하지만 대다수가 건강, 건강하면서도 정작 내용보다는 외형을 찾는다.

　하기야 보기 좋은 떡이 먹기도 좋다는 옛 이야기도 있기는 하지만.

　내용을 살펴보아야 할 것도 여러 가지이지만 오늘 얘기하려고 하는 것은 품질의 균일이다. 고객이 멋있는 브랜드의 풋고추를 한 봉지 샀다. 그런데 그 봉지 안에든 풋고추가 몇 개는 적당히 매워서 입에 딱 맞는데 몇 개는 같은 줄 알고 덥석 깨물었다가 매워 입속이 화끈거리고 눈물을 철철 흘렸다면 고객이 다음에 그 고추를 또 사겠는가? 그리고 어제 산 브랜드의 맛이 좋아 오늘 또 같은 브랜드의 상품을 샀는데 어제, 오늘의 맛이 다르다면 고객의 손이 또 가겠느냐 하는 것이다. 이러한 현상이 지금 판매대에서 겪는 현실이다. 참 답답한 것은 내가 사서 먹어보며 느끼는 것인데 왜 이런 것을 개선하려 하지 않을까 하는 것이다.

　좋고 일정한 상품이 꾸준하게 시장에 출시되면 당연히 구매가 지속되고 수요가 늘면 생산도 늘릴 수가 있는데 하는 아쉬운 생각이 들면서 이 품질의 균일은 유통의 첫째 되는 기본이라 해야 하는데 이 품질의 균일은 산지 조직화로 이루어야 한다.

마을 단위 혹은 지역단위로 작목반을 구성하고 같은 종자를 심고 같은 방법으로 시비, 관수, 수확하면 품질의 균일이 안 이루어질 수 없다. 그렇게 하자면 앞에서 설명한 대로 성향이 같은 사람들로 작목반을 구성하고 철저한 사람으로 지도자를 세우고 수시로 교육하고 서로가 감독하며 철저하게 할 때에 좋은 상품, 균일한 상품이 나오고 그러면 어떤 경우, 과잉생산이 되어 가격이 폭락할 때에도 그 상품은 소비자가 제값을 주고도 구매할 것이고 그러면 그 조직은 성공하는 조직이 될 것이다.

가공 사업의 성패는 수율

물론 가공사업의 성패를 가늠하는 것은 여러 가지가 있다.

소비자가 찾을 수 있는 상품을 만들어야 하는데 거기에는 제품의 안전성, 가격, 편리성 또 색상, 맛 등 여러 가지가 있지만 "앞으로 남고 뒤로 밑진다"는 옛말처럼 매출은 잘 되는데 수익 면에서 큰 재미를 못 보는 경우가 있다. 이제는 경제사업도 원가사업을 넘어 수익사업을 해야 한다.

특히 경제사업이 총 사업의 50%를 넘는 농협에서는 당연히 수익사업을 해야 하고 수익사업을 하자면 부가가치가 높고 가격의 영향을 받지 않는 가공사업을 해야 하는데 그중 중요한 것이 수율관리다. 물론 이 수율이 관리로만 되는 것은 아니다. 농작물 특성상 가뭄이 심한 해는 수분 함량이 적어서 자연적으로 수율이 높아질 수도 있다. 그러나 인위적으로 할 수 있는 부분도 상당히 있기 때문에 철저하게 관리해서 수율을 높여야 한다.

한 예로 일직농협의 세절고추 수율을 살펴보면 07년 대비 08년 수율이 0.81% 향상되어서 85,000천원의 눈에 보이지 않는 이익이 발생했고 09년에는 08년보다 1.45%가 늘어서 150,000천원의 이익이 눈에 보이지 않게 발생했다.

이것의 요인은 산지조직화에 의한 원료 수매의 엄선과 가공기계의 시스템 개선에서 찾을 수가 있는데 무엇보다 담당 직원의 '이것은 내 사업이다' 하고 생각하는 끊임없이 개선할 것을 찾는 정신에서 나온 것이다.

그때 충북 모 지역의 홍고추를 임가공해 주었는데 같은 양을 넣어 가공했는데 수율이 일직보다 2%나 낮았다. 수율이 곧 수익이다. 수율을 높이기 위해서 끊임없이 찾고 찾아야 하는 이유가 바로 여기에 있다.

이놈들아 내 고추 받아다오

유통사업을 하다가보면 별의 별 일을 다 겪게 되는데, 2008년의 일이다.

약 500억 원의 판매사업을 했으니, 거기다가 관내에서 생산되는 주요 품목, 양파, 깨, 벼, 콩, 고추 전량을 다 수매하니 매년 6월 이후에는 거의 매일 수매를 한다.

11월경 그날도 유통센터에서 고추 수매하는 것을 살피고 오후에 사무실 책상에 앉아 있는데 어떤 노인 한 분이 찾아와서 소란을 피운다. 다른 사람 고추는 받아주고 왜 내 고추는 안 받아주느냐는 것이었다. 직원의 얘기를 들어보니 선별이 안 됐고 고의적으로 품질이 안 좋은 것을 섞어가지고 왔다는 것이다. 나는 일직농협에 오래 근무했기 때문에 어지간한 사람은 다 아는데 농협에 자주 안 나오시는지 낯선 할아버진데 깨끗하게 생기셨다. 어쨌든 사무실에서 소란이 일기에 내가 안 나설 수가 없는 일이었다.

"어르신 다시 선별을 해가지고 오셔야 합니다. 다음에 수매를 또 하니 그때 다시 가지고 오세요." 하고 얘기를 했는데 그만 삿대질을 하면서 "농협이 뭐 하는 곳이냐, 조합원이 가지고 온 것 다 받아주어야 하는 것 아니냐"하며 막무가내로 소리를 지르더니 급기야 내 책상 옆에 가로로 누워 버린다. 그리고는 누워서 소리, 소리 지른다.

"이놈들아 내 고추 받아다오."

나는 어이가 없었다. 아무리 조합원이고 아무리 친절봉사 해야 하지만 이 정도 되면 방법이 없다. 그렇다고 맞붙어 싸울 수도 없는 노릇. 나는 그냥 쓴웃음 지으며 일어서 자리를 피했다. 유통현장에서 일어나는 이와 같은 유사한 일들 수없이 일어나지만 어쩌겠는가. 그래도 우리 할 일은 욕을 먹어도 해야 하는 것. 하루 저녁 가슴앓이를 하고 이튿날 다시 무슨 일이 있었더냐 하고 스스로 털어내고 또다시 해야 할 일 하는 것이 우리의 숙명인 것을.

일하는 자에게는 늘 시련이

고난이 없는 성공은 없다고 하지만, 시련이 곧 훈련이라고 하지만 막상 시련을 당해보면 다시는 거들떠보기도 싫은 것이 시련이고 고난이다. 농협생활 43년, 책임자로서 33년 나의 지난날들 특히 시련의 순간들을 돌아보면 내가 어떻게 그 터널을 벗어났나 하는 생각을 하게 된다.

앞에서도 약간, 약간 언급하기도 했지만 책임자로 근무하는 동안 직원 사망사고가 2건이 있었다.

상무 초임 때인 1983년 적은 농협에서 직원들이 마음을 모아 열심을 낼 때였는데 아침에 직원 두 명이 오토바이로 출근하다가 뒤에 탔던 직원이 떨어져 사망한 사고가 났다. 이제 갓 서른 넘은 초임 책임자가 감당하기는 벅찬 사고였다. 물론 직접 업무와 관련된 것은 아니었지만 젊은 사람이 갑자기 이렇게 되는 수가 있구나 하고 생각하면서 그 뒷수습에 몇 달 걸린 적이 있었는데 지금 근무하는 곳에서 수년 전에 해외연수 갔던 젊은 직원이 해외에서 갑자기 원인 불상의 이유로 유명을 달리했다.

새벽에 연락을 받고 사무실로 좇아 나왔는데 그때는 정말 앞이 캄캄했다. 장래가 창창한 젊은 사람이 갑자기 가다니 그것도 해외에서, 가장 먼저 생각되는 것은 내 방 앞에서 일하던 그 직원의 모습, 유난히 내게 최선을 다하던 그 모습이 눈앞에 떠오르며 가슴이 미어지는 듯했다. 그런데 그것도 잠시 뒷수습을 어떻게 해야 하나 걱정이 가슴을 짓누른다. 남은 가족, 부모 형제들을 어떻게 대하며 임원 대의원 조합원들에게는 어떻게 설명해야 하나, 하는 생각으로 머리에서 딱딱 소리가 나는 것 같았다. 정말 힘든 많은 날들을 보냈다.

지게차로 작업 중 일어난 인사사고

1995년쯤의 일로 기억된다. 고추 가공공장에서 급하게 전화가 왔다. 지게차로 작업 중에 사람이 한 명 죽었다고….

가슴이 철렁 내려앉는다. 급하게 달려갔다.

분쇄시설을 보수하기 위해서 화물차에 실려 있는 철제물을 옮기기 위하여 지게차로 내리는데 균형이 맞지 않아서 육중한 철제물이 무게 중심이 안 맞아 한쪽으로 쏠리면서 그 옆에 있던 대구에서 온 작업 인부 한 명이 깔려 죽은 사고였다.

위의 예와 달리 이 건은 직접 사무소 내에서 작업 중에 일어난 인사사고였다.

지게차를 운전하던 직원은 구속되고 집에 재산은 없고 농협에서 다 책임져야 할 일이었다. 대구에 있는 피해자 장례식장에 갈 때는 정말로 가기 싫은 발걸음이었지만 책임자로서 피할 수 없는 길이다. 멱살을 잡히고 욕을 먹을 각오를 하고 가야 했다.

어찌 일하는 자에게 닥치는 시련이 이것뿐이겠는가.

멀쩡한 저온창고에 자연 발생 화재라니

한번은 저온창고에 보관하고 있는 고추에서 불이 났다. 아니 일정한 온도로 저온 보관하고 있는 고추더미에서 화재가 발생하다니, 이해가 안 될 일이다.

그러나 실제로 불이 났다. 앞에서도 언급했지만 연간 400만 근, 2,400톤을 수매하는데 5톤 차로 약 500대 물량이니 보관시설 또한 엄청나야 한다. 그러나 저온창고는 한정되어있어 일반 건창고에도 적재하고 그래도 부족하여 마당에 야적하는데 100평 창고만한 야적 무더기가 많을 때는 3~4개 정도 되기도 한다. 그 야적물량부터 가공하고 그다음 건창고의 것을 가공하고 이듬해 2~3월 되면 저온창고 물량만 남게 되는데 4월경에 저온창고에서 불이 난 것이다. 정확하게 얘기하면 폭발한 것이다.

내용은 이렇다.

자동으로 측정되어 전산 그래프로 그려지는 시스템인데, 많은 창고 중 한 곳의 창고 온도가 올라가서 문을 열어보니 연기가 조금씩 피어 올라오고 있어서 사업소장에게 보고했는데 사업소장이 현장에 가서 문을 활짝 열고 더미 위에 올라가서 살펴보고 내려와서 나오려 하는데 더미에서 퍽 하며 불길이 솟아올라온 것이다. 그 불길과 바람에 사업소장과 직원 한두 명이 화상을 입어서 아직도 얼룩덜룩한 흔적이 남아 있는데, 그 뒤 소방서에서 와서 현장조사를 했는데 명확한 화재 원인을 찾을 수가 없었다.

전기 누전이면 전선이 탄 흔적이 있어야 하는데 그런 흔적이 없고 그렇다고 다른 원인을 찾을 수도 없었다.

이 화재는 명확한 원인규명 없이 끝이 났는데 현장 직원들이 추정하기로는 창고가 부족하니 많이 저장하려고 차곡차곡 쌓은 많은 양의 고추를 오랫동안 저장하는 바람에 그 안에서 자동으로 가스가 발생하면서 속에서부터 열기가 위로 솟구치는데 그때 현장을 확인하려고 문을 활짝 열어서 갑자기 많은 양의 산소가 들어가니 점화가 되어서 퍽하고 불길이 솟은 것이라고….

이 사고로도 직원 몇 명이 화상을 입어 병원에 입원 치료 해야만 했다.

이 외에도 수많은 크고 적은 일, 사료 수송하는 중에 노인을 치어 사망케 한 일, 그 일을 수습하려 돈 싸들고 합의 보러 간 일, 고추 압착기에 손가락이 걸려 절단된 일 등 이루 말할 수 없이 많다. 어떤 때는 전화벨이 울리면 겁이 날 때도 있다.

일하는 곳, 일하는 사람에게는 늘 이런 시련이 따르게 되어 있다. 그러나 그렇다고 해야 할 일, 나를 위한 것이 아닌 지역과 농업인을 위한 일을 쉴 수가 있는가. 어금니를 꽉 물고 앞을 보고 가야 하는 것이 일하는 사람이 가야 할 길인 것을.

어찌 같은 농협끼리 이럴 수가 —
아, 단양 ○○농협

　된장, 메주 사업을 하면서 관내 작부(作付: 농작물을 심음) 체계가 바뀌어서, 된장 사업을 하기 전에는 관내 콩 생산량이 연간 2,000포(40㎏들이) 정도였는데 된장사업을 시작하고 농협에서 수매를 하니 연간 10,000포 이상이 생산되었다. 처음에는 관내 생산량을 다 가공공장에서 소화를 했지만 이제 많은 양이 생산되니 다 소화가 안 되어서 일부를 다른 곳에 판매를 해야 하게 되었다. 그래서 매년 콩을 대량으로 취급하는 분들과 거래를 하곤 하는데 한번은 계속 거래하던 업자를 통해서 대구 모처에 납품을 하는데 그 업자가 그동안 신용상태가 나빠져 다른 곳에 거래대금을 지급하지 못하여 독촉을 받는 가운데 있었는데, 그중 한 곳이 충북 단양의 모 농협이었다.

　우리도 그 사실을 알았기에 콩이 납품되어 검수만 되면 바로 통장에 입금되니 거래업자의 통장과 도장을 우리가 보관하고 콩을 싣고 같이 가서 납품을 했는데 돌아와서 돈을 찾으려고 하니 돈이 입금은 되었는데 잔액은 제로가 되어 있었다.

　이 무슨 일인가 하고 조회를 해보니 그 사이 불과 두 시간 정도 사이에 충북의 모 농협에서 통장 분실신고를 하고 재발급을 한 후 인출해서 자기들 미수금을 정리해 버린 것이다. 아주

고단수 작전에 우리가 말려 든 것이다. 충북 모 농협에서 자기들 미수금을 회수하려고 우리 남안동농협의 콩 납품대금인줄 알고도 업자와 짜고 우리 돈을 빼돌린 것이었다. 어찌 이럴 수가 있단 말인가. 자기들 돈 받으려고 다른 사람이 납품한 돈, 그것도 같은 형편의 농협 돈을!

업자를 붙들어와 사실 내용을 확인하고 추적을 하고 또 그 농협을 찾아가서 따지고 관련된 직원이나 사람들의 얘기를 들어보니 사전에 계획된 사기극이었다. 같은 농협끼리 이럴 수가 있느냐고 따졌지만 자기들도 수억을 물려있기 때문에 어쩔 수가 없고 규정에 의해서 했을 뿐이니 법에 의해 받아가라고 배를 내밀 뿐이었다.

따귀를 때려주고 싶지만 그럴 수는 없어 소송을 했는데 1심이나 2심에서 처음에는 합의를 종용했다. 충북 모 농협을 심하게 나무라며 70%를 돌려주라는 합의 종용을 했는데 그쪽에서 불응해서 우리는 승소하리라 생각했는데 막상 선고 때는 우리가 패소했다. 양심은 양심이고 법은 법이라는 것이었다.

정말 같은 농협인으로서 아직도 단양의 모 농협, 그 당시 재판정에 나왔던 모 전무에게는 아직도 분한 마음 감출 수가 없다. 어찌 같은 농협끼리 그럴 수가 있단 말인가?

내 눈에 눈물은 아프고 다른 사람 눈물은 안 아프단 말인가. 해도 해도 너무한 것 아닌가. 그 일로 콩 납품을 담당했던 사람은 4천여만 원을 변상했다.

정말 그 일은 너무했다. 아직도 생각하면 열이 오른다.

아이고 달구리야!
조합원 해외 견학

농촌 현장에서 일하면서 늘 안타까운 것은 검게 그을른 농업인들의 얼굴, 검게 멍들었을 농업인들의 가슴, 허리 펼 날 없이 밤낮으로 엎드려 일하는 농업인들이다.

특히 평생을 바깥을 모르고 일만 해온 연로하신 농촌 어른들을 보면서 저분들을 어떻게 위로해줄까, 하고 생각하면서 농업인들과 만나거나 교육시마다 "농업인들도 잘 살아야 한다. 잘살 권리가 있다"라고 얘기하면서, 농한기가 되면 설악이나 울진에 있는 농협 보험 수련원에 예약해줄 테니 돈 아까워하지 말고 부부가 며칠 쉬고 오라고 권유하고 했다.

그런 중에 우리 조합원들을 해외견학을 시켜주면 어떨까하는 생각이 들어 협의를 거쳐 사업계획에 반영해서 농협에서 50%를 부담해서 매년 20명씩 해외견학을 보내는 견학사업을 하게 되었다. 그래서 중국, 일본, 베트남 등지로 매년 희망자를 신청받아 견학을 시켰다.

베트남에 가서 그네들이 짓는 낙후된 농업을 보기도 하고 일본의 오야마농협, 쌀빵공장 등을 통해서 의욕을 고취시키기도 하고 중국의 끝이 안 보일 정도로 넓은 친환경 사과농장을 보기도 했다.

우리 농업인들도 잘살아야 하고 마음의 여유를 가지고 살아가게 하는데도 우리 농협이 일조해야 한다고 생각한다.

(※달구리: '다리'의 경상도 지방의 사투리. 많이 걸어서 "아이구 다리야"라는 뜻.)

일직조합원들과 일본 토마토 시설 견학사진-뒤줄 오른쪽 첫 번째가 필자

일본 다노시키샤 쌀빵 유한회사 견학사진.

일본 우스키시 노츠 마을에서의 농가 1박 체험 사진.

일본 오야마 농협 야하다 겐지 조합장의 사례를 듣는 견학팀.

아이고 달구리야!
대만, 홍콩을 다녀와서…

깊은 산골 옹달샘 물 먹으러 가는 토끼마냥 직원 4명 포함 40명의 해외견학팀이 4월 3일 새벽 3시에 부푼 가슴을 가지고 우리 농협 앞에 모여서 미지의 세계를 향하여 출발하였다. 올해 해외견학은 출발부터 유별나게 어려움이 많았다.

06년 견학 후 해외견학에 대한 일부 조합원들의 반대와 불평이 있어서 06년말 여러 경로의 의견 수렴과 의사 결정을 통하여 금년에도 가기로 결정하였으나 그래도 농협에 특별한 애정을 가진 분들의 반대가 있기에 무거운 마음을 가지고 떠나게 되었다.

금년에 정한 행선지는 대만, 중국 심천, 홍콩이었다.

대만은 10여 년 전만 해도 농업이나 협동조합이 우리나라보다 많이 발전되어 있어 국내 농업이나 협동조합 견학코스로 많이 가던 곳이었고, 중국 심천은 변화하는 발전상을 한눈에 볼 수 있는 곳으로 평이 나 있었고 홍콩은 이념과 국경이 없는 무관세 쇼핑관광도시로 많은 사람들이 즐겨 찾는 곳이기도 하다.

우리 일행은 많은 기대를 가지고 갔지만 견학의 최종결론은 우리 대한민국이 가장 살기 좋은 나라라는 것이었다. 이번 견학 4박 5일 동안 해를 한 번도 못 보고 돌아왔다.

먼저 대만을 잠깐 살펴보자.

현지 안내원의 말에 의하면 장개석 총통이 중국 공산당에 쫓겨 오면서도 많은 보물과 문화재를 가지고 와서 나라와 백성을 위하여 기초를 쌓고 그 아들 장경국 총통이 이어받아 나라를 다스릴 때는 번성했다고 한다. 그러나 그 후 현 첸슈이벤 총통이 통치하면서 나라가 쇠퇴기로 접어들어 갈수록 어려워지고 있는 상태라고 하는 게 아닌가.

우리가 보기에도 거리와 골목, 집 등이 침침하며(대만은 아직도 110V 전기를 쓰고 있음) 사람들의 행색이 어둡고 어려운 모습을 곳곳에서 볼 수 있었다.

그 다음으로는 우리나라 농협조직과 같은 대북시 사림구농회 직원(陳春韶)과 친환경 시설채소단지에 들렸다.

공식명칭은 "가람원예공정유한공사 가남공장"이었는데 이곳은 우리나라 작목반이 운영하는 농산물 집하장 형태로서 몇몇 농가에서 생산된 시설채소들이 이곳에 집하되어 항공 기내식이나 오성급 호텔 식당으로 납품된다고 하였다.

그런데 대만에서 최고급 소비처로 납품되는 최고급 채소이나 우리가 보기에는 우리나라보다 10년 정도 뒤떨어진 낙후된 시설에서 생산되는 낙후된 농산물이라고 생각이 되었다.

이러한 현상을 보고 '흥망성쇠는 하루아침이구나… 지도자가 정말 중요하구나…'하고 생각되었다.

골목 골목이 침침하여 호객하는 사람들도 있었고 행색이 궁색해 보여 측은한 생각도 들었으나 안내원의 얘기를 들으면 국민이나 나라 전체가 근면·성실하고 정직하다고 하였다. 그래서 그런지 상품이나 농산물이 속이는 것이 없이 안심하게 먹고 사도 되겠구나 하는 생각이 들었다.

또한 그들은 부부가 함께 일하며 가계를 책임지므로 아침에는 빵 등 가볍게 식사하고 모두 일터로 나간다고 하였고, 또한 습성이 느리기 때문에 밥도 천천히 먹어 위장병 등이 없어 거리에는 좀체 약국이나 병원을 볼 수가 없었다.

또한 그네들은 외국에선 대만이라고 하며 국가도 아닌 아주 작은 곧 중국에 합하여질 주(州) 정도로 생각하지만 그네들은 그들이야말로 중화민국이라고 자기들이 큰집이라고 생각하고 있는 것을 보게 되었으며, 기억에 남는 관광지로는 양명산 화산협곡의 휴화산에서 뜨거운 연기가 무럭무럭 피어올라 협곡 전체를 메우는 것을 보고 참 신기하다 하고 느끼게 되었다.

두 번째 날에는 아침 일찍 대만농산물 도매시장을 살펴보고 홍콩을 거쳐 중국 심천에 들어가서 농산물 도매시장을 살펴보았는데, 심천은 대만과 마찬가지로 우리보다는 낙후된 곳이었고 그곳은 3모작도 가능하나 지금은 2모작 재배를 하고 있으며 밥맛도 상당히 떨어졌고 중국 내에서도 산둥성 쌀은 밥맛이 상당히 좋다고 하였다.

중국 심천은 중국이 개방정책을 쓰면서 경제활성화를 위하여 지정한 중국 제2의 경제특구라고 하였고, 도로 고층건물들은 우리나라 서울을 뺨칠 정도로 조성되었다. 그러나 아직도 곳곳에는 사회주의의 게으름, 획일적 행태 등이 눈에 띄었다.

심천은 27년 전에 인구 3만 명이었으나 지금은 1,200만 명이나 되는 엄청나게 발전한 곳이며 특이한 것은 남, 여 비율이 1:7로써 공장, 관광산업이 많아 남자가 귀한 곳이라고 하였고 생산되는 농산물이나 제품은 비교적 신선하였으나 환경이나 경제형편은 그리 좋아 보이지는 않는 곳이었고 관광객들이 많다 보니 서비스의 질은 상당히 떨어지는 곳이라는 생각이 들었다.

심천에서 1박 후 마지막 견학지인 홍콩으로 옮겼는데 홍콩은 섬으로서 경상남북도에 제주도를 보탠 정도의 아주 작은 땅덩어리에 많은 인구가 살고 있어 인구 밀도가 세계적으로 아주 높은 곳이다. 그 중에도 72%가 산이어서 건물은 거의가 고층 빌딩이고 성냥곽만한 땅에도 어떻게 지었는지 수십 층짜리 고층빌딩을 올리고 있었고, 세계적으로 60층 이상 고층빌딩 수가 가장 많이 있는 도시가 홍콩이라고 하였다.

밤에 보는 홍콩 야경은 정말 장관이었다. 도저히 상상 못할 곳에 상상을 초월하는 방식으로 올라가는 무동력 궤도차 하며, 정상에 펼쳐지는 또 다른 빌딩 전경은 정말 말로 표현하기 어려워 일행 모두의 입에서 "아구야 야야 우째 이런 일이…" 하는 탄성이 새어 나왔다.

홍콩은 관광의 명소답게 볼 곳이 여러 곳 있었는데 해양공원 수족관에서 보는 수만 가지의 고기들, 날갯짓을 하는 새같이 양 지느러미를 너울거리며 유유자적 헤엄치는 대형 가오리 하며 기기묘묘한 고기들의 움직임은 우리의 피로를 풀어주기에 충분하였고 깎아지른 산과 바다의 경계를 통과하는 케이블카는 등골이 오싹하는 쾌감을 느끼게 하기도 하였다.

그 외 여러 곳, 여러 상황들이 많았지만 지면 관계상 생략을 하며 결론적인 소감 몇 가지를 정리해 보면 앞에서도 언급했지만 정말 우리나라가 좋은 나라라는 것이다. 4박 5일 동안 해를 한 번도 못 봤고, 간혹 가랑비가 뿌리든지 아니면 구름 낀 날 뿐이었다. 그곳 사람들은 그런 습기가 많은 곳에 살아서 무좀이나 피부병이 많다는 얘기를 들었다. 그리고 종일 걷고(많이 걸은 날은 5~6시간 정도) 국경을 넘나들 때마다 3~40분씩 줄 서

기다리고 검사받고 지겨운 시간들이 너무 많았다.

　두 번째로 매년 느꼈던 것이었지만 모두 다 좋아한다는 것이다. 어떤 면으로는 본 견학사업이 예산 낭비적인 요소도 있지만 그러나 우리 농업인들이 이런 기회를 통해서 한 덩어리가 되고 외국나라의 문물과 농업에 대한 안목도 넓히고, 스트레스도 풀고 참석했던 모든 분들이 고생은 되어도 너무너무 좋다는 것이었다.

　세 번째로는 변화해야 하고 특화해야 한다는 것이다.

　중국 심천이 특화하여 중국 내 다른 도시와는 비교가 안 될만큼 엄청난 도시가 되었고, 홍콩은 모든 상품에 세금이 전혀 없어 똑같은 상품이면 세계 어느 곳보다 가장 싸게 살 수 있어서 쇼핑을 목적으로 관광오는 사람들이 많은 곳임을 보았다.

　이제 우리 일직면 그리고 남안동 농협도 뭔가는 해야 한다.

　일직 하면, 남안동 하면, 떠오를 수 있는 명품을 만들어야 한다.

　저희 농협은 새로운 머리로 열심을 다 하겠습니다.

　조합원님들의 좋은 생각, 희망적인 전략을 많이 내 주시기를 바라오며 두서없이 해외견학 보고를 마치겠습니다.

　　감사합니다.

2007년 4월

남안동농협 해외견학팀 일동

제3부

남기고 싶은 이야기

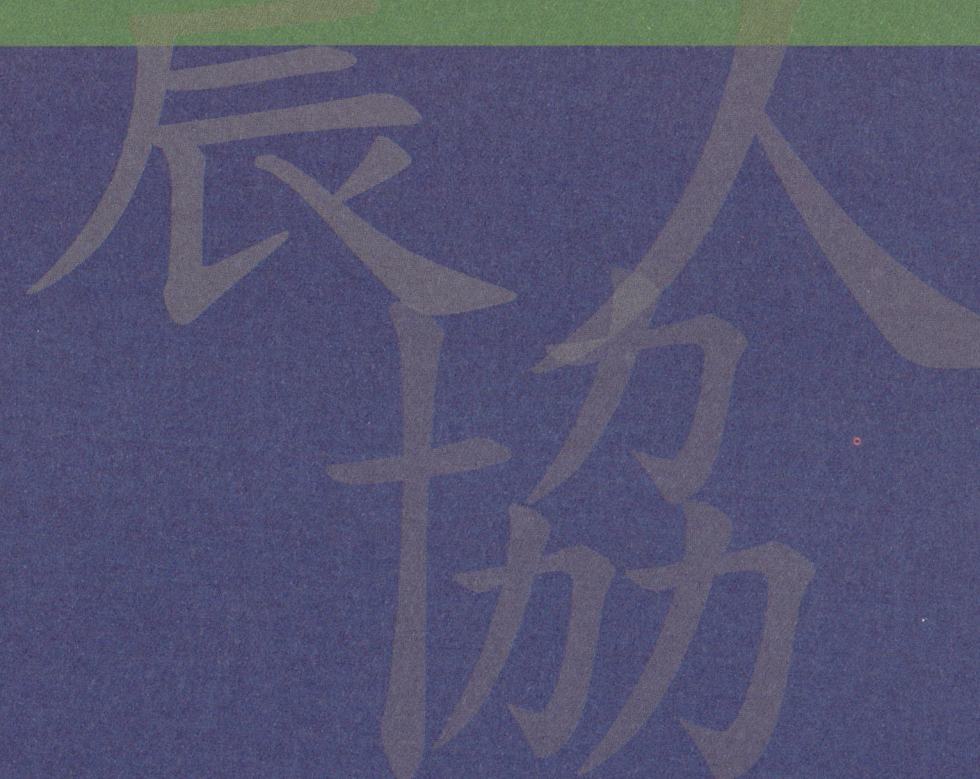

60% 가능성만 있다면

　많은 사람들이 새로운 것 하기를 겁을 낸다. 해보지 않아서, 장차 성공이 될 것인지 실패할 것인지…. 아니면 실패했을 때 져야 할 짐 때문에 어지간하면 모험을 안 하려 한다.
　그러나 나는 그렇게 생각지 않는다. 왠지 나는 그런 마음이 들지 않는다. 반대로 이 새로운 것을 시작해서 얻어질 성과, 또 성취감이 예상되며 흥미가 생긴다.
　오히려 다른 사람이 시작하기 전에 빨리 시작해야 되겠다는 생각이 든다. 그래서 다른 사람이 싫어하고 꺼려하는 것, 남이 해보지 않은 것을 하게 되었고, 그렇게 시작한 거의 모든 사업이 성공되었다. 그리고 그 신사업들이 지금 그 농협을 먹여 살리는 수익의 원천이 되었다. 그래서 만나는 사람마다 혹은 강의나 기회 있을 때마다 얘기한다.
　사전에 깊이 생각하고 치밀하게 타당성 조사를 하여 60%의 가능성만 있다면 그다음은 사람이 하기 나름이다.
　아예 턱도 없는 것을 무모하게 시작한다면 누가 하더라도 마찬가지이겠지만 60% 정도의 승산만 있고 거기에 모든 것을 걸고 하면 틀림없이 성공할 수 있다고.
　대개의 사람들은 해보지도 안하고 겁부터 내고 안 된다고 한다. 그리고 선천적으로 새로운 것에의 도전을 싫어하는 사람도 있다. 그래서 사람이 중요하다는 것이다. 그러한 인재가 있으면 경영자는 삼고초려를 해서라도 모셔 와야 한다. 나는 지금도 무언가를 하고 싶다. 자신이 있다.

60%의 가능성만 있다면 맨땅에 빈손일지라도 시작할 것이다. 하늘은 스스로 돕는 자를 도우니까.

자기 함정에 빠지지 말아야

그런데 사업성이 아주 뛰어나고 열성적인 사람도 실패할 수가 있다. 그것은 자기 함정, 자기 오류에 빠지기 때문이다. 사업이 성공되는 데는 사람의 노력도 중요하지만 그 외에도 몇 가지 요소가 있다.

농협이라는 틀 안에서 아무리 잘하던 사람도 직장을 그만두고 일반인으로 사업을 하면 성공하기가 쉽지 않다.

그것은 절대 국민이 신뢰하는 농협이라는 브랜드의 힘이 크게 작용하기 때문이다. 그리고 조직 안에 있어서의 사업은 협동조합원칙에도 나와 있듯이 같은 처지에 있으니 전국농협에서 많이 도와주는 것이 플러스 요인이다.

그런데 이런 것을 도외시하고 내가 잘 안다, 내가 잘해서 이렇게 되었다 하고 차츰차츰 자기도취에 빠지면 사람이 욕심이 나게 되어 있고 욕심이 과해지면 무리하게 되어 법, 규정을 무시하고 사업을 하게 되는데 이렇게 하면 거의가 낭패를 보게 된다.

내가 아는 한 사람은 참 사업에 감각이 있는 사람으로서 체격도 되고 전문지식도 있고 인적교류도 활발하고 말솜씨도 좋은 사람인데 같이 일하다보면 가끔씩 오버하는 경우가 있었다. 이럴 때는 책임자가 짚어주고 중단시키거나 방향을 틀어주어야 한다. 내가 일직농협을 떠난 후 그 사람은 결국 불명예 퇴직을 해야 했다.

유통사업소장을 하면서 외지 물건을 매입 저장했다가 가격 하락으로 손실이 발생하고 충분한 담보 없이 물건을 공급했다가 대금 회수를 못 하여 손실을 보고 결국은 평생 몸 바쳐 일한 직장에서 명예롭게 퇴직하지 못하고 좋지 못한 모습으로 마치게 되었는데 참 안타까운 일이었다.

어느 누구보다 능력 있는 사람이었는데. 아무리 사업이 잘 될 때일지라도 가끔씩은 멈춰 서서 자기 하는 일을 돌아보고 점검해 보아야 한다. 그리고 철저하게 규정에 맞게 해야 한다. 그렇게 해야 제대로 성공할 수 있고 직장인으로서 장수할 수 있다.

청렴해야

87년부터 북안동농협에서 근무하다가 90년 초에 다른 곳으로 이동이 되었는데 다른 곳으로 옮긴 후 북안동 농협 쪽에서 이상한 소문이 내게 들려 왔다. 유기질비료를 구매하여 판매하였는데 포당 얼마씩 리베이트가 관행상 있는데 그 돈이 수익으로도 안 잡히고 어디로 갔는지 간 곳이 없다는 말과 함께 아마도 그 돈은 김 전무가 받아 챙겼을 것이라는 소문이었다.

기가 막힐 일이었다. 나는 그 당시 책임자로 7년째 근무하고 있었지만 그런, 특히 비공식적인 리베이트가 있다는 것조차 몰랐다. 알았더라도 정상적으로 수익기표 했겠지만. 어쨌든 공식적으로 조사가 들어온 것도 아니고 근거도 없는 소문만 가지고 하는 얘기이기에 그 말을 전하는 같이 있었던 직원에게 터무니없는 얘기하지 말라고 전하라 하고는 끝을 냈지만 직장생활에서 조심해야 할 것 한 가지가 바로 이 청렴이다.

청렴하지 못하면 이 또한 직장생활을 오래 할 수 없다. 다른 사람들이 보면 직장생활 43년, 책임자 35년 했으면 뭐가 있겠지 하고 생각하기 쉬운데 나는 정말 그 부분에 자신 있게 얘기할 수 있다. 깨끗하게 했노라고.

물론 내게 몇 번의 시도를 한 사람들도 있었다. 86년 서후농협에서 사무실을 신축할 때인데 어떤 업자가 찾아와서 안동시내, 지금의 MBC 방송국 옆의 아파트 한 채를 줄 터이니 공사를 자기에게 달라는 것이었다. 한 마디로 거절했다. 또 북후농협에서 저온창고와 집하장을 지을 때인데 공사가 설계대로 되지 않아서 부수고 다시 하라고 얘기하고는 안동시내로 퇴근했는데 시내까지 건설업자가 따라와서 돈 봉투를 내미는 것이었다. 잘봐 달라고. 다시 그 사람의 승용차에 던져 넣고 그 자리를 뜨기도 하였다. 물건을 납품 받든 공사를 하고 인사를 받든 나는 현금으로 못 받게 하고 꼭 현물로 받아 정리하게 했다.

지금은 어떤지 모르지만, 한번은 ○○농협에서 기획 총무를 볼 때인데 몇 억짜리 공사를 마쳤는데 시공했던 건설회사 책임자가 통상적으로 5% 정도로 인사를 하는데 어떻게 하면 좋겠느냐고 내게 물었다. 그래서 나는 현금으로는 안 받는다. 대신 물목을 적어 줄 테니 현물로 해라, 해서 그 당시 캐비닛, TV 등을 현물로 받고 아크릴로 '○○회사 증'이라고 붙여놓았던 적도 있었다.

일직에 있을 때인데 한번은 경제상무가 100만 원 든 돈 봉투를 들고 와서 유기질 비료업체로부터 받은 것인데 비료를 납품받아 팔다가 파포난 것이 있어서 업체에 얘기했더니 파포난 비료 대금조로 돈을 가지고 왔다는 것이었다. 그래서 내가 비료 판매하다가 파손될 수 있는 것은 이해하는데 그렇다고 돈으로 받아서는 안 된다. 파포난 만큼 현물로 받으라고 시켜서 현물로 받았는데 그 사실이 그 당시 농협 임원들에게 알려져서 김 전무는 깨끗한 사람이라는 인정을 받았고 그것이 근무하는 동안 의혹 받지 않게 되는 촉매제가 되기도 하였다.

이런 일이 몇 번 있은 후로는 그런 인식이 외부에 전달되었는지 별로 내게 그런 제의를 하는 사람들은 없어졌다. 돈 싫어하는 사람 누가 있겠는가마는 정해진 것, 정상적인 것 외에는 절대 눈 돌리지 말아야 한다. 그래야 장수할 수 있다.

작명가

　요즘은 브랜드 범람시대다. 너무 많아서 정신이 없고 브랜드에 대한 신뢰가 떨어졌다. 이런 것들 다 생산자나 산지농협의 책임이다. 제대로 된 상품을 만들고 거기에 맞는 브랜드를 짓고 브랜드에 맞는 관리를 해야 하는데 이름만 지어놓고 관리를 안 하니 브랜드 남발이다. 이름은 멋있는데 속에 들어있는 상품을 보면 조잡하기 이를 때 없는 상품이 들어있다.
　현장에서 유통을 하다가보면 특별한 브랜드를 만들어야 할 때가 있다. 워낙 새로운 작물, 신품종들이 쏟아지니까.
　농협에 근무하면서 유통, 가공 분야에 집중하고 신경 써 일했으니 신상품이 생길 때마다 이름을 지어야하는데 나도 몇 개의 이름을 내가 지었다.
　한우 작목회를 할 때에 한우 브랜드를 '안동=전통'이라는 이미지를 살려 '안동 전통 한우'라고 이름을 지었고, 일품벼를 도정하여 포장해서 팔 때에는 청산이라는 산 이름과 청산별곡의 의미를 살려 '청산별미'라고 이름 짓고, 미생물을 출시할 때에는 미생물의 효과가 신비해서 '신비헌'이라 이름 지었다. 또 미생물로 완숙 토마토를 생산한 우수 토마토는 완숙, 푹 익은, 밥할 때 뜸 들인다는 의미를 넣어 '뜸드린'이라는 이름을 지었다. 그리고 홍고추 상태에서 수매하여 잘라서 말린 고추는 '안동세절고추'라고 이름 지었다.

이렇게 이름을 지은 것도 내게는 참 보람스러운 일이다. 지금도 내가 지은 브랜드로 시장에 출시되고 있으니까.

농협이 사업을 해야 한다

이제 글을 마칠 때쯤 되었다. 더 쓸 글이 없으니까-물론 상세한, 잡다한 얘기들이 많이 있지만-처음 시작할 때에는 평생 해온 일이니까 몇 권의 책이 되지 않을까 생각했는데 막상 써 보니 별로 내세울 것이 없다는 생각이 든다.

이제 마지막으로 쓰고 싶은 것이 농협은 사업을 해야 한다는 것이다.

따져보면 몇 가지 안 되는 것 같지만 실제로 오랫동안 많은 사업을, 다른 사람이 꺼리고 겁내는 사업을 많이 했다. 그러면서 느낀 것이 농협은 사업을 해야 한다는 것이다. 왜 사업을 해야 하느냐고 누가 내게 묻는다면 나는 단도직입적으로 이렇게 말할 것이다.

"사업이 모두에게 유익을 주니까"라고.

사업은 정말 힘이 들지만 사업하는 사람에게 보람도 준다. 그리고 앞에서도 언급했지만 사업이 위험한 것 같지만 욕심 부리지 않으면 그렇게 위험하지 않다는 것이다.

그러하면서 사업으로 생기는 이익은 참으로 많다.

지역 농협이 사업을 하므로 생기는 유익한 것을 정리해본다.

첫째-농산물 작부 체계가 변한다

앞에서도 잠깐 언급했지만, 농협이 사업을 하면 농협에서 사업하는 품목으로 관내 생산농가의 작부체계가 변한다. FTA 이후에 농민들의 고민은 심을 것이 없다는 것이다.

농사가 조금만 잘 되면, 그다음 해 품목이 그쪽으로 쏠리고 따라서 과잉생산이 되어 가격이 폭락하게 된다. 더구나 FTA로 인해 값싼 외국산 농산물이 쏟아져 들어오니 심을 작물이 없어 고민 고민하는 것이 농민이다.

그런데 농협에서 사업을 시작해서 농산물을 수매하면 자연적으로 가격에서 유리하고 안정적으로 판매할 수 있는 그 작목으로 그 품목으로 작부가 옮겨지게 된다. 그러면 다른 작목하고의 생산 균형도 맞게 되어서 일거양득의 효과가 생긴다.

앞에서 설명한 대로 일직에서 메주, 된장을 하기 전에는 관내 두류(콩 종류) 생산이 연 2,000가마 정도밖에 안 되었지만 사업을 하고 난 후 관내 생산량이 10,000가마를 넘어선 것이 한 예이다.

두 번째-관내 생산되는 농산물 전량 처리 가능

농협이 사업을 해보면 품목은 자꾸 늘어나게 되어 있다. 가공 경험에 의해서 또 생산자와 소비자의 욕구에 따라서 유사한 종목으로 품목이 추가되게 된다.

이렇게 품목이 하나둘씩 늘어나게 되면 관내 생산되는 농산물 전량을 처리할 수 있게 된다. 직접 가공 판매할 품목이 아닌 것도 정보와 노하우 그리고 인맥, 영업망이 있기 때문에 서로의 필요에 의해서 조합원이 생산한 농산물 전량을 수매 판매할 수 있게 된다. 이것이 농협이나 농민들에게 엄청난 고민거리를 해결해주게 되는 것이다.

세 번째-고용창출이 이루어진다

농협이 사업을 하면 특히 가공사업을 하면 원료수매, 선별, 가공, 포장, 수송 등에 기술적, 비기술적 많은 인력이 소요된다. 여기에 관내 유휴 노동력의 고용창출이 이루어진다.

일직농협에서 앞에서 기록한 여러 가지 사업을 하면서 관내 유휴인력을 쓰므로 엄청난 금액의 인건비를 지급하여 지역경제와 가계소득에 도움을 주었고 지금도 그렇게 하고 있다.

일직농협의 '예'를 잠깐 소개하면 된장, 메주, 고추장,

참기름 등 유지류, 세절고추, 무말랭이, 깐 양파 등의 사업장에 정규직 약 20명을 제외하고 연중 상시고용 인력이 약 15명에, 일당형식으로 매일 와서 일하는 인력이 약 140명 정도 되는데 2개월, 3개월, 6개월 정도 일하는 분들을 빼고 연중 매일 매일 나와서 일하는 분들이 100여 명 된다.

이 100여 분들에게 지급되는 인건비가 월 약 8천만 원 연간 약 10억 원이 되고 총 인원에 대한 인건비는 연간 13억 원 정도이다. 이분들은 다 일직 관내에 거주하는 분들로서 주로 부녀자들이며 연세가 70 넘은 분들도 상당히 많다. 이런 분들에게 일거리를 제공해주므로 건강에도 도움이 되고 특히 월 1억이 넘는 돈이 좁은 면 지역에 풀린다는 것은 가계경제나 지역경제에 엄청난 도움을 주는 것으로써 농협이 사업을 하면 지역 인력의 고용창출이 이루어지는 그래서 경제가 좋아지는 아주 좋은 일이 된다.

네 번째–수익창출이다

지금 대개의 농협이 경제사업은 적자사업이다. 아예 적자를 감수하고 조합원을 위한 환원사업으로 생각하고 해야 한다고 얘기하지만 그렇지 않다. 특히 원료의 형태가 변형되는 가공사업을 하면, 과욕을 부리지 않으면 인건비 등 관리비를 차감하고도 평균 10%대의 수익을 올릴 수 있다. 일례로 일직농협 같은 경우에는 조수익[2] 구성비가 신용 30% 경제 70%로써 경제사업 특화형 농협이다.

다섯 번째—긍정적이고 우호적인 분위기가 조성된다

앞에서도 여러 차례 언급했지만 이제는 그 지역의 중심은 행정이 아니고 농협이다.

과거처럼 예금이나 받고 영농자금이나 내어주고 하던 것에서 이제는 농민 조합원이 필요로 하는 구매 특히 판매사업을 하므로 농민들과 가장 가깝게 호흡하게 되었고 특히 지역의 경제력이 농협에 있기 때문에 그 지역의 중심이 농협이 될 수밖에 없다.

그리고 여기에 더하여 농산물을 수매하고 고용이 창출되고 농협을 통한 경제가 이루어지면 모두 농협을 의지하게 된다. 농협이 움직이면 그분들도 따라서 움직이게 되는 역동연관성이 생기며 농협에 대하여 또 그분들 간에도 긍정적이고 우호적인 분위기가 형성되며 그것이 또한 모든 일을 잘 되게 하는 원동력이 되기도 한다.

이렇게 몇 가지를 나열했는데 정말로 농협이 사업을 하면 여러 가지 유익한 일이 발생되므로 지역농협은 꼭 사업을 통하여 농협도 건전 경영을 이루고 농가에도 유익을 끼치는 원원하는 관계를 이루어야 한다.

여기에 한 가지 덧붙일 것은 '사업 겁내지 마라. 그러나 죽을 고비는 넘겨야 한다'는 것이다.

---

2) 조수익(193p) : 기업회계에 있어 사업수익에 인건비 등 사업관리비를 차감하지 않은 수익을 의미, 인건비 등 사업관리비, 법인세를 차감하면 순손익이 된다.

사업은 원칙을 가지고 해야

나는 사업을 하면서 몇 가지 원칙을 가지고 했다. 아니 가지고 했다기보다가 한 가지씩 해나가면서 터득해가며 정한 원칙이다.

첫째-진성회원제이다

농협이기 때문에 모든 조합원의 농산물을 사주어야 하고 모든 조합원에게 유익을 주어야 하지만 그렇게 하다가 보니 품종, 시비, 관수 등 생산도 체계적이지 못하고 선별 포장 등 모든 것이 제대로 되지 않아 이중, 삼중의 비용이 든다. 이것을 고쳐 유통질서를 바로 세워야 제대로 된 사업, 소비자에게 선택받을 수 있는 그리고 가격 경쟁력이 있는 상품을 만들어 낼 수 있다. 그래서 생각한 것이 진성회원제이다.

이것은 조합원을 차별대우 하겠다는 취지가 아니라 모든 조합원을 진성회원화하여 매뉴얼에 의한 얼굴 있는 상품을 만들겠다는 것이다.

그래서 매뉴얼을 만들고 매뉴얼에 의해 농사지은 농산물을 매입하여 생산을 체계화하고 품질을 균일하게 하여 성공적인 사업을 하여 생산자들에게 지속적이고 안정적인 사업을 통하여 안심농사를 지을 수 있게 하겠다는 것이다.

두 번째로는 앞에서도 언급했지만 완전계약제이다

진성회원제가 되면 완전계약제는 쉽다. 농산물은 계획생산이 어렵다. 납품처에 납품계약을 장기적으로 하려면 원료확보도 안정적으로 되어야하고 원료가격도 지나친 변동이 없어야 가능한데 우리나라 현실상 그렇게 되기는 어렵다. 그런 이유에서 완전계약제는 참 좋은 제도이다. 농민도 안정적으로 생산하고 적정 이윤을 더한 안정적 판로가 확보되니까 마음 놓고 생산할 수 있다. 그러나 농산물 특성상 생산 전량, 농협 측으로는 수요량 전량을 다 완전계약으로 하기는 위험한 부분이 있어 생산이나 수요량의 약 30% 정도는 확정단가로 계약하는 완전계약제로 하는 것이 사업을 안정시키고 예측 가능한 수익사업을 할 수 있어 좋다고 생각한다.

세 번째로는 편농, 편한 농사이다

농촌에 일손이 부족해서 기계화가 많이 진행되고 있는데 그러나 아직 태부족이다. 더구나 이제 모두 70 앞뒤 되는 연로하신 분들이 농사일을 하기 때문에 힘이 없고 일손이 부족해서 농업 생산량은 자꾸 떨어질 수밖에 없다. 그러한 중에 농협에서 새롭게 하겠다, 유통질서를 세운다 하면 반발이 심하고 따라오지도 않는다. 그래서 그분들의 힘을 덜어드려서 아! 이렇게 하면 우리에게 이익이 되는구나 하는 것을 느낄 수 있도록 편한 농사를 하게 해야 하며 그 방법을 찾아야 한다.

진성회원에게는 양파, 감자 수확기로 수확을 한다든지, 홍초처럼 고추를 따서 집 앞에 내어놓기만 하면 되도록 한다든지, 직원이 순회수집을 한다든지 등의 편한 농사를 하게 해야 한다. 그렇게 해야 농협이 하고자 하는 방향으로 따라오게 된다.

네 번째로는 가장 중요한, '수익은 생산자에게'이다

 무슨 소리냐? 앞에서는 사업하면 수익이 된다 해놓고서는?

 이렇게 반문할 수 있겠지만 농협인으로서 기본적으로 이 원칙은 꼭 가지고 있어야 한다고 생각한다.

 사업을 하다보면 어느 해 갑자기 시장에 의해서 가격이 폭등해서 시세차로 많은 수익이 발생할 때가 있다. 물론 그런 예는 극히 드물겠지만 내가 여기서 주장하고 싶은 것은 적정이익, 즉 사업을 통해서 발생한 수익의 10% 초과되는 부분은 다시 생산자에게 환원해주자는 것이다. 이렇게 하면 그 농협은 안 될 수가 없다. 농협과 조합원 간에 신뢰가 형성되어 무슨 일이든지 할 수 있다. 이것이 성장과 분배의 조화이며 내부적으로 적립과 환원의 조화이다.

 나는 사업을 하면서 농민을, 농산물을 이용해서 농협이 이익을 봐서는 안 된다고 생각하며 해왔다. 그래서 많은 협조와 도움으로 많은 사업을 할 수 있었다. 그런데 그런 마음으로 일했더니 사무실에 수익사업이 되었다. 그래서 지금도 내 책상 위에는 '無益 實益 捨利 有利'(무익 실익 사리 유리)라고 써놓고 일하고 있다.

 절대로 농민을 이용해 돈 벌려고 해서는 안 된다. 그분들에게 이익이 되도록 해야겠다, 생각하고 하면 내게도 이익이 된다.

 여기서 한 가지 더 얘기해야 할 것은 거의가 그렇게 해왔지만 다 지키지 못한 부분도 있다. 그러나 시도는 했었고 그리고 앞으로 그렇게 해야 한다는 의미에서 기록한 것이다.

아쉬운 부분들

몇 가지 시도하다가 완성하지 못한 부분도 있고 생각은 있었으나 실행하지 못한 부분도 정리해 본다.

가장 아쉬운 부분은 지역개발이다. 나는 농협에 근무하면서 가지고 있는 또 하나의 신념이 있는데 그것은 간부로 승진하면서부터 가지게 되었던 지역농협의 개념이다.

'지역 위에 농협이 있을 수 없고 농협 위에 조합장이 있을 수 없다'는 것이다. 이런 말을 어느 때 해서 좋지 않은 시선을 받은 적도 있지만 나는 농협이 지역을 생각하지 않는다면 존재가치가 없다고 생각한다. 내가 17년이나 근무했던 일직지역은 지리적으로 지역개발, 농촌 체험마을로 육성하기 참 좋은 곳이었다. 우선은 남안동 I.C가 있어서 접근성에서 좋고 문화 유적으로는 I.C 바로 앞에 있는 조탑 오층 전탑이 있고 두 개의 골프장이 있고 천년고찰 고운사가 있고 〈몽실언니〉, 〈강아지똥〉을 지은 아동문학가 권정생 씨 생가 및 문학관도 있다. 그리고 맑은 물이 흐르는 개천도 있다. 더 특별한 것은 아무 데서나 흔히 볼 수 없는 그 옛날, 고려장 군락지가 있다. 현장에 가보면 나라 법에 의해 부모를 산으로 모셨지만, 그 당시의 자식들 효심을 엿볼 수 있다.

산 중턱 아주 양지바른 곳에 남향을 향하여 토굴같이 수십

기가 있는데 서로 이웃하고 지내라고 했는지 마을처럼 옹기종기 이웃하고 있는 것이 요즘 아이들의 현장 학습장소로 활용했으면 하는 생각이 들었다.

이렇게 지리적으로 좋은 곳에 일본의 오야마 농협처럼 농촌 테마 마을을 만들어 도 농 교류를 했으면 하는 생각이 있어서 마을 대표들 10여 명과 좌담회를 했는데 실망스러운 것은 가장 중심 역할을 할 수 있는 사람이라 생각했던 사람이 '농협에서 다 만들어 주면 자기들이 하겠다고' 하는 말을 듣고 아직 의식이 이쯤밖에 안 되는구나 하고 그 계획을 접게 되었는데 아직도 그 부분이 아쉬움으로 남는다.

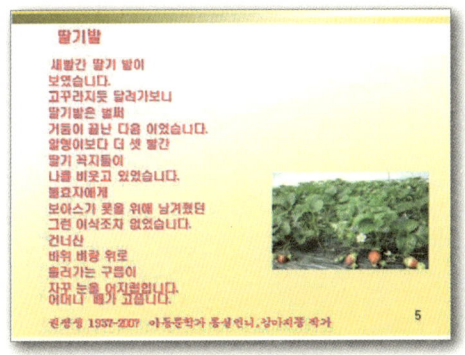

아동문학가 권정생 님의 동시(童詩) 딸기밭.

융합체

또 한 가지 아쉬운 것은 농협과 지역민 즉, 농협과 조합원이 말 그대로 한 덩어리가 되는, 그냥 성질이 다른 것이 합쳐진 것이 아닌 두 개의 다른 성질이 녹아져서 하나가 되는 융합체가 됐으면 하는 바람이 있었는데 그것은 너무 이상에 치우친 발상이었던 것 같다.

각종 사업을 진행하면서 농협과 조합원이 서로 신뢰하여 사업도 성장하고 지역이 역동적이 되어 무엇이든지 할 수 있겠다 싶어 이런 생각을 해보고 계획도 그려보기도 했지만, 어디 늘 좋은 시절만 있을 수 있나.

어떤 일로 몇 사람들이 농협을 어렵게 하고 서로 간에 신뢰가 깨어지면서 그런 생각은 지울 수밖에 없었다. 그러나 그렇게 될 수는 없을까 하는 생각은 아직도 있다.

현대 경영의 창시자 중 한 명으로 꼽히는 미국의 경영석학 톰 피터스의 <미래를 경영하라>는 내용의 강연 보도.

후배들에게 남기고 싶은 이야기
— 숭고한 목표만을 바라보며 일해야

　무슨 일을 신명나게 하고 뜻 한 바를 이루려면 왜 해야 하는지 해야 할 이유가 분명해야 한다. 그 이유가 분명하면 일의 성취도 빠를 것이고 일을 하면서 피로감도 덜하게 되고 그 일을 어떻게 하면 이룰 것인지 신선한 생각들이 팍팍 떠오른다. 그런데 그 목표가 정말 가치 있는 것이라면 더할 나위 없다. 아주 보람되게 콧노래를 흥얼거려가면서 할 수 있다. 또 그런 가치 있는 목표를 가지고 하면 바르게 하게 되고 바르게 하면 직장생활이 장수하게 된다.

　사람에게는 누구나 욕심이 있다. 더 가지고 싶은 욕심, 높이 되고자 하는 욕심, 힘에 대한 욕심, 자랑하고 싶은 마음, 그런데 이런 것, 성취욕, 소유욕 등을 정상적으로 이루려면 많은 노력과 오랜 시간이 걸리는데 이것을 빨리 또 다른 사람보다 먼저 오르려면 내 힘 내 능력만으로는 안 되니까 먼저 가지고 있는 사람의 힘을 빌려야 하니까 그 들에게 가까이하게 되고 그러다 보니 정당하지 않은 일도 해야 하기 때문에 거기에서 모든 문제가 발생한다. 지금의 문제는 모두가 욕심을 채우려고 힘을 좇아가는 데서 온갖 문제가 생기고 있다.

　나라 안에는 수많은 조직이 있다. 직장도 직업도 수없이 많다. 선거할 일도 많다. 조직의 수장에게는 많은 권한이 주어진다.

내가 가지고 있는 힘을 이용해 다른 사람을 키울 수 있는 힘이 있다 보니 많은 사람은 정당하지 않은 것일지라도 힘을 키우기 위해서 힘에게 모여든다. 이런 것이 상례화가 되면 조직의 목적, 목표를 향해서 가는 것이 아니고 힘을 따라가게 되는데 이렇게 가면 '단소 장고(短笑 長苦)'에 빠지게 된다.

직장인으로서 인정받고 존중받고 장수하려면 부나비같이 힘을 좇지 말아야 한다는 것이다. 힘 있는 사람에 의해서 무엇 되어보려고 힘 있는 사람의 정당하지 않은 일의 추종자가 되어서는 안 된다. 우리가 수없이 보고 있지 않는가.

나는 새도 떨어뜨릴 것 같은 사람이 하루아침에 외로운 독방에 들어가는 것.

눈을 크게 뜨고 조직이 가야 할 방향에 초점을 맞추어 가야 한다. 가는 길이 험하고 힘들지만 숨을 고르며 가야 한다.

잠시 찬밥 신세가 될 때도 있겠지만.한 국가 정당의 정강도, 큰 조직의 이념도 원래는 다 위국헌신, 국민보은, 홍익인간으로 되어 있다. 입사할 때의 초심으로 숭고한 곳에 목표를 정하고 한 걸음씩 가야 한다. 그렇게 가면 다른 사람보다 좀 늦을지라도 틀림없이 존중받으며 마칠 때 웃으며 마칠 수 있을 것이다.

자기 가치를 실현하십시오

멋모르고 입사한 농협이었지만 근무연수가 늘어나면서 농협은 정말 멋있는 직장이라는 생각을 금할 수 없다. 옛날 단위농협이라고 호칭하며 무시당하고 인정받지 못하였고 또 우리의 주인인 농업인들로부터는 고리 대금업자로 손가락질 받고 아무나 들어갈 수 있는 하찮은 직장, 직업으로 불리기도 했지만 그러나 이제 터를 잡고 농민의 이익을 뺏는 것이 아닌 수익을 창출해서 농민들에게 이익을 나누어주고 그들에게 희망을 주는 농협이야말로 공익조직이 아닌가. 지금 농촌의 농민들 농협이 없으면 죽는 줄 알지 않는가. 농협이 그 지역의 중심이고 휴식처고 하소연할 수 있는 곳이 아닌가. 격세지감이지, 불과 3, 40년 만에 변한 협동조합을 우리가 보고 느끼고 있지 않는가. 그곳에 근무하며 그런 마음으로 일하는 농협인들이야말로 아름답다 하지 않을 수 없다.

그보다 더 중요한 것은 농협은 자기를 실현할 수 있는 곳이다. 농협이 해야 할 일, 할 수 있는 일은 무궁무진하게 많다. 우리의 주인은 농민 조합원이다.

어떻게 보면 실체가 없어 중심이 없다고 할 수도 있다. 일반 회사처럼 CEO가 있어 일사불란하게 정해진 기업의 목표대로 한곳으로 집중할 수 없다고도 할 수 있다. 그러나 바꾸어서 보면 그렇기 때문에 정신이 바로 선 사람이 자기가 하고 싶은 대로 마음껏 일할 수 있는 곳이 바로 농협이다. 농민을 위하고 농업을 위한다는데 누가 말릴 것인가.

나는 농협에 근무하면서 앞에서도 언급했지만 농협이념, 농협정신에 대해서 '2급 을'승진 시험공부하면서 참 느낀 것이 많았다. 내가 아닌 모두를 위한, 약한 자들의 힘을 모아 사회적, 경제적 지위를 향상시키겠다는, 나눔과 희생, 양보와 배려의 이념인 농협 이념이야말로 어려운 농촌과 농업인들에게 희망을 줄 수 있겠다는 가슴 뭉클한 생각이 들었다. 그리고 농협 현장에서 보고 느낀 농촌과 농민에 대한 아련한 마음이 나의 밑바탕에 있는 나를 움직이게 했다. 그리하여 지역과 농업 농촌 농민 그리고 농협을 위해서 일하게 되었는데 그래서 그런지 내 머릿속에는 늘 창의적인 생각들이 번뜩였다.

그것들이 실행되며 사업이 되었고 그 결과 적지 않은 성과를 나타내었다. 지나놓고 보니 농협이라는 직장은 자기를 나타내는 곳이다. 자기 가치를 실현할 수 있는 정말 좋은 곳이라는 생각이 든다. 그래서 직원회의 때나 매년 신규직원 소양교육 때 '농협은 다른 곳과 비교할 수 없는 참 좋은 곳이다. 자기를 실현할 수 있는 곳이다. 농협을 통해서 자기 가치를 실현하라. 그것이 가장 보람된 일이다'라고 교육한다. 정말 농협은 좋은 곳이다.

협동조합이 곧 애국 애족이며 협동조합은 사랑의 실천장이다.

농인정신을 가져라

 나는 직접 농사를 짓지는 않지만 나는 늘 농업인이라는 생각을 가지고 살아왔다. 왜냐하면 나는 늘 농사짓는 분들과 함께하고 그분들이 정성 들여 가꾼 농산물을 취급하며 그분들의 삶의 일정 부분을 책임져야 한다는 생각이 있었기 때문이다. 그래서 그분들이 필요로 하는 것, 원하는 것, 소득이 오를 수 있는 것, 더 행복할 수 있는 것이 있으면 최선을 다해야 한다고 생각하며 근무했다. 그래서 그분들이 필요로 한 농자재 생필품등도 신경 썼지만, 무엇보다 소득과 직결되는 생산한 농산물의 판로 개척과 농산물의 부가가치를 높이는데 온 힘을 기울여왔다.
 지금은 그렇지 않은 분들도 있지만 투박하지만 인정 있고 한 톨의 음식도 나누어 먹으며 이웃의 아픔을 내 아픔으로 아는 그 농민들 그 분들을 이해하고 사랑하는 것이 농인정신이다. 많이 알지 못한다고 도움이 안 된다고 어설프다고 마음의 문을 닫아버린다면 그 직원은 농협직원으로서 성공할 수도 없고 자격도 없다.
 나의 중심이 농심으로 가득 차서 마음으로 대하고 마음으로 일해야 서로가 마음이 열려 소통이 된다. 그리한 다음에야 성과와 성공을 논할 수 있다.
 매헌 윤봉길 의사가 농민독본에서 말한 것처럼 농업은

절대로 지구상에서 사라질 수 없고 농업이 발전할 수 있는 길은 무궁무진하다. 그러므로 가장 오래 지속될 산업이 농업이다. 여기에 희망을 가진 젊은이들이 몰려야한다. 농산물은 생명체이다.

생명의 신비는 밝히고 밝혀도 다 알 수 없는 것이 생명이다. 줄기를 자른 벼 알갱이도 그 속에 생명이 있다. 먹고 버린 사과 씨에도 생명이 움트고 있다. 그러므로 생명산업인 농업은 앞으로 발전할 길이 무궁무진하다. 우리 모두 농인정신을 가지고 끝없는 농산업을 발전시켜 나가면 인류도 살고 조직도 개인도 살게 될 것이다.

인사에 신경 쓰지 말아야

앞에서도 잠깐 언급했지만 나는 근무하면서 승진이나 이동이나 상 받는데 신경 쓰지 않고 일했다. 그것이 무에 그리 대단하다고. 다른 사람이 바보 같다고 할지 몰라도 나는 그렇게 생각하며 일해 왔다. 농협 생활을 얼마 남겨 놓지 않은 지금도 나는 후배들에게 그렇게 얘기해주고 싶다. 승진하려 애쓰지 말고, 일하는 데 힘을 쏟으라. 그러면 승진은 자동으로 세트처럼 따라 온다고. 승진에 신경 쓰는 사람들 보면 어떤 때는 애처로운 생각이 든다.

임동농협에서의 자리 양보에 대해서 기록을 했지만 일직농협에서도 승진을 양보했다. 농협 직제가 워낙 변화가 많아서 초기에는 간부 직제가 2을, 2갑으로 되어 있다가 1990년 중반부터 2급, 1급으로 변경되었다. 요즘은 다시 M급으로 통합되었지만. 앞에서 얘기한, 다른 사람들 안 하는 사업을 했고 그 사업들이 성공을 거두어 내가 근무한 곳은 경영이 좋았으니 관내 농협 간부들보다 평판도 좋았을뿐더러 인사서열도 좋았던 모양이다.

1996년도 시지부내 승진 인사위원회 중에 일직 장 조합장님으로부터 전화를 받았다. 이번 승진에 김 전무가 서열이 가장 빨라서 승진이 된다는. 그 당시 간부 중에는 내보다 상무 승진도 몇 년 빠르고 나이도 내보다가 10여 년 이상 많은 분들이 상당수 있었다.

그중에 내가 상무 승진되기 전 부장으로 있을 때 이미 상무로 승진되어 내가 모시던 김○○ 전무도 그 중에 계셨다. 순간적으로 생각이 들었다. 승진 동기 같으면, 또는 나이도 비슷하다면 당연히 내가 해야 되겠지만 그분은 내가 모셨고 나이도 많고 승진도 빠른데 내가 양보해서 그분이 될 수 있다면 나는 나중에 해도 되지 않겠나, 하는 생각이 들어 전화한 장 조합장님께 내가 양보해서 김○○ 전무께서 승진이 된다면 내가 승진을 양보하고, 만약 다른 사람이 된다면 내가 승진하겠다고 얘기를 했더니 인사위원회에서 내 의견을 받아드려 김○○ 전무께서 승진을 하게 되었다.

나중에 시지부 인사 담당 류규하 차장으로부터 남이 할 수 없는 일을 했다는 치하의 말을 들었으며 좀 지나서, 나중에 알게 되었다며 당사자인 김○○ 전무님으로부터도 고맙다는 인사를 들었다. 지금도 생각하면 그때 참 잘했다는 생각이 들었다. 다른 사람이 겁내는 일을 한 것과 두 번의 승진 양보는 지금의 내게는 눈에 안 보이는 훈장을 단 것 같은 그런 기분이다.

인사에 신경 쓰지 않으면 당당해진다. 자신에게도 누구에게도.

후배들이여 인사에 신경 쓰지 마세요. 열심히 하면 절로 따라오는 것이 보상이니.

늘 새로운 것을 생각해야 —
차별화

남안동농협에서 전무를 하다가 1998년에 안동에서 가장 크고 중심 되는 안동농협에서 순수 신용점포의 지점장을 5년 정도 했는데, 모두 잘 알지만 신용업무는 시스템에 의해서 영업을 하기 때문에 특별히 할 수 있는 일이 별로 없다. 그러나 거기서도 나는 다른 사람들이 안하던 것을 했다.

내가 근무하던 곳은 안동시내 가장 중심지에 있는 지점이었는데, 거기는 차가 못 다니도록 한 문화의 거리가 있는데 거기에 매주 월요일 아침마다 직원들과 함께 빗자루 들고 조기청소를 했다. 그것도 5년 동안이나. 주민들의 칭송은 말할 것도 없고 나중에는 바로 옆에 있는 국민은행 지점장까지도 대단하다고 인사를 해왔다.

또 지점 내 조합원들께 안동농협과 지점의 소식을 전하는 '파랑새' 통신을 매월 발행해서 보내드렸고, 두 명씩 조를 짜서 바깥 점주 활동도 하게 했고, 400명 전도되는 지점소속 조합원들의 집을 쉽게 찾아 갈 수 있도록 〈위치 도록〉도 만들었다.

무엇을 할 것인가? 생각하면 늘 신선한 생각들이 떠오른다. 앞에서도 얘기했지만 내가 다른 사람들이 안하던 것을 할 수 있었던 것은 늘 새로운 것을 꿈꿨기 때문이다. 그것은 맡은 일에 대한 책임감에서 기인된 것이기도 하고 농업, 농업인들에 대한 사랑 때문이기도 하다고 생각한다.

맺는 말

아직 내 책상에는 '불광 불급(不狂不及) – 나는 내가 무슨 일을 해야 하며 그 일을 어떻게 해야 하는지 알고 있다'–라는 글귀를 붙여놓고 있다.

이제 몇 개월 후면 평생을 함께했던 농협의 문을 나서겠지만 나서는 순간까지 최선을 다해야 하겠다는 생각으로 아직도 동분서주 하고 있다. 앞에서도 얘기했지만 농협은 참으로 좋은 곳이다. 많은 사람에게 유익을 주고 자기를 실현할 수 있는 곳이니까.

이러한 농협을 통하여 더 많은 일을 하여 농촌을, 농업을, 세상을 아름답게 변화시켜 인정이 넘치고 바름이 세워지는 세상을 만드는 모든 분들 되시기를 바라면서 2010년 직원으로서 퇴임을 앞두고 사내 게시판에 올렸던 퇴임인사 글과 관련된 몇 개의 글을 올리며 마치려고 합니다. 이제까지 저의 못난 행로의 졸필을 읽어 주신 모든 분들께 감사를 드립니다.

감사합니다.

2016. 구월

김 운 한

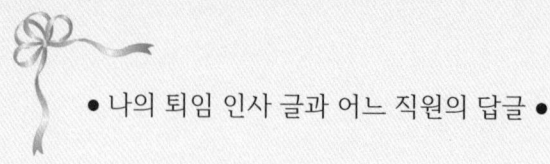

● 나의 퇴임 인사 글과 어느 직원의 답글 ●

아름다운 퇴장

어떤 야구 선수의 은퇴를 보면서 문득 나의 퇴장을 생각해 보게 되었습니다.

그 선수는 30여 년을 '전력 질주하며 오늘까지 왔기에 누구보다 많은 아름다운 박수를 받으며 영광스러운 은퇴'를 하며 그답지 않은 눈물을 흘렸습니다.

불현듯 나는, 나는 어떤가? 하는 생각이 들었습니다. 나 스스로는 어떤 평가를 내릴 수 있으며, 나의 뒤에 남은 이들, 나를 보아온 많은 방청객들은 어떻게 정리해줄 것인가? 하고 돌아보게 되었습니다.

너무나도 부족하고 흠이 많은 사람이 이곳까지 오게 된 것 나의 대장이신 하나님의 말로 다할 수 없는 전적인 은혜이며, 부족한 것이 많은 나를 여기까지 있게 한 가족들과 음으로 양으로 지도와 인도와 격려를 해 주신 선배님 그리고 동료 후배님들의 공으로 알고 진심으로 감사를 드립니다.

살아있는 조직체인 농협이라는 곳으로 인도되어 다른 곳에서는 상상조차 할 수 없는 싱싱한 일을 할 수 있었던 것을 더 할 수 없는 영광으로 생각하며 주변을 살필 줄 모르는, 융통성이 부족한 사람이, - 어쩌면 그러했기에 가능했을지 모르는 - 주제넘게도 농업·농촌·지역을 위한답시고 한 곳만 바라보며 나름대로 전력투구하며, 농협이 사업을 해야 살아남을 수 있다고 신사업을 개발하여 사업하는 농협을 가는 곳마다 이루어 온 것을 나의 흔적이라 생각하며 위로를 삼아봅니다.

그동안 근무했던 몇 곳을 돌아보며 지금도 이어지고 있는, 때로는 그 농협의 근간이 된 사업을 생각하며 또한 위로로 삼습니다.

뜨거운 가슴 안고 새벽까지 영차영차 했던 일, 보따리 싸 들고 집에 가서 일하던 시간들, 밤 9시, 10시까지 매상 마치고 그때서야 마당에 네트 걸고 족구며 배구하던 일, 의욕만 가지고 시작해 기백만 원씩 변상했던 산약사업, 산더미 같이 쌓여 걱정했던 홍초사업, 사업의 맛을 알아 고된 줄 모르고 열심히 했던 사료사업, 가공사업만이 안정적인 경영기반이며 조합원을 위하는 길이라고 혼을 심어 이룬 수개의 가공공장들, 하루에도 몇 곳에서 교육했던 일, 아직도 나를 사부님처럼(?) 따르고 예우해주는 몇 분들 덕분에 스스로는 결코 헛된 시간만은 아니었노라고 생각해 봅니다.

처음 월급 2천 원, 3천 원씩 받고 일했지만 그러나 이 농협이 있었기에 오늘의 내가 있을 수 있었고 나의, 가정의 삶이 있을 수 있었던 것 또한 분명한 사실입니다. 부족한 사람이 이만큼이라도 깨이고 닦일 수 있었던 것 또한 분명한 사실입니다.

시간이 얼마 남지 않으면서 조바심도 났습니다. 내가 남은 날들 동안 무엇을 할 것인가? 좋은 것은 아니지만, 무언가는 남겨야 하는데, 후배들에게 들려주어야 하는데, 주고 갈 것이 많은데. 나는 다른 사람들하고는 다르고, 다른 길을 걸어왔는데, 아직도 해야 할 일도 많고, 하고 싶은 일도 많은데….

이젠 짐을 내려놓습니다.
나의 길은 여기까지라고, 정리해야 한다고.
아쉬움은 있지만 후회 없이 떠날 수 있습니다.
나는 할 만큼 했다고, 후련하고 기쁜 마음으로 문을 나섭니다.

우리 농협은 영원해야 합니다.
나를 위해서가 아니고 우리를 위해서
어려운 농업인, 농촌, 우리의 탯줄이 묻힌 내 고향, 이 지역을 위해서 못다 쓴 역사를 계속해 써가는 후배 동인 여러분 되시기를 바랍니다.

농업이여 영원하라, 농협이여 영원하라, 농협인들이여 영원하라.
감사합니다. 그리고 강건하십시오.

2011. 1
정든 인생 2막의 장인 농협의 문을 나서며
愚民 金云漢

● 지점장님은 진정한 농협인이셨습니다!

지점장님.
퇴임을 앞두신 지점장님의 뒷모습이
너무나 아름다우신 것은 아마 농협생활을
후회 없이 마무리하신 결과가 아닐까 생각합니다.
항상 자기를 낮추시고 후배들을 위해 격려해주시고
이끌어 주심에 진정으로 감사를 드립니다.
그동안 너무 고생 많이 하셨구요 앞으로 지점장님의
깊이 있는 말씀을 듣지 못함에 못내 서운합니다.
지점장님의 앞길에 항상 하나님의 은총이 함께
하시길 기원 드리며 지점장님이 일구어 놓으신
이 농협 영원하리라 믿습니다.
안녕히 가십시오.